改革の過程から規制の進化を探る

原子力検査制度の変化と一貫性を両立させるコーナーストーンとは

Change before we have to.

事業コンサルタント、
リサーチャー
近藤寛子

目次

はじめに　米国原子力発電所向け検査制度を調べるに至った理由

この本を手にとられたあなたは、もし「制度の改革効果の持続年数はどのくらいだと思いますか？」と聞かれたら、何年くらいと答えるだろうか。1～2年、それとも半年、あるいは10年、20年だろうか。そもそも、改革の成功などそう簡単にできることではないとして、ゼロという数字も上がるかもしれない。私自身も、改革をやり遂げること自体が大業だということから、その効果が何年も続くというのはイメージが湧きにくい。

本書は、効果を持続させようと取り組んだ、原子力発電所に対する検査制度を取り上げる。

日本の原子力発電所に対する検査制度は、２０２０年４月から新しい検査制度へと生まれ変わる。米国で運用中のＲＯＰ《アールオーピー》（Reactor Oversight Process）という制度を参考とした制度である。このＲＯＰを「制度をとりまく環境」「組織」「仕事のやり方」「人」の切り口から考察するのが本書だ。

ところで、原子力技術者でも、原子力専門家でもない私が、なぜ原子力発電所の検査制度の本を書くことになったのか。その経緯を、自己紹介を兼ねてお伝えしたい。

私は、事業コンサルタントであり、リサーチャーである。アナリストとして採用された米国の事業会社にて、グローバルの事業開発案件にアサインされたのが、コンサルティング分野に足を踏み入れたきっかけだ。その後、コンサルティングファームと呼ばれる会社へ転職し、製造、通信、ＩＴ、行政、エネルギーなど多岐にわたる産業や分野の課題に出会い、戦略策定、施策の現場展開、定着支援など、数々のコンサルティング案件に従事した。特に深く関わったのは、業務改革や実践力強化の支援である。課題そのものや課題に関わる人に伴走し、課題解決のめどが立つまでサポートする、良く言えば親身、悪く言えばお節介なコンサルタントである。

東日本大震災が起きたのは、リサーチやコンサルティングに関するより困難な事業経験を積んでいた真っ只中だった。「もう二度とあのような事故は起きてほしくない」と強く思うと同時に、この深刻かつ長期的課題には、多角的な処方箋が必要になると判断した。自分にできそうなことは何かを考え、原子力発電所における過酷事故（スリーマイルアイランド事故）の経験を持つ米国に飛び、同事故の影響と「官産民」における取り組みを調査した。

以来、遠目ながら原子力行政・産業の行方を追ってきた。長期的課題へ向き合うことをライフワークにしようと、独立した。独立後は、課題への探求心がますます強まり、大学での調査活動を開始し、現在に至る。


ある時、「日本の検査制度が米国の検査制度のようなものに変わるらしい。」という話を聞いた。制度変更の目的は？　きっかけは？　日本政府が参考にする米国の検査制度とはどのような制度なのか？　制度変更の理由は？　質問が次々と頭に浮かぶ。制度の主管庁である原子力規制庁のウェブサイトを調べると、検査制度の見直しが行われようとしていることがわかった。また、検査制度に対しＩＡＥＡのＩＲＲＳから勧告が出されたことや、ＲＯＰと呼ばれる米国の検査制度を参照することも。

グローバルの経営手法や業務改善方法を国内の企業・団体へ適用する仕事に関わってきた者として、直感的に、頭に浮かんだのが、変化の推進と加速を通じ改革を成功に導く「チェンジマネジメント」だった。必要にかられ、全く異質のものを組織に持ち込む場合、その影響範囲が大きければ大きいほど、成功するための熱意、知恵、努力、協力が欠かせない。

新検査制度の検討においても、推進者のビジョンは何か？　検討のスコープはどのように定義されているのか？　体制は？　検討上のリスクは？　といった問いが次々と頭に浮かんでくる。米国という先行例があるから、フォロワーにあたる日本は導入が容易だ、という話でもない。導入、そして運用に成功するためには、周到な準備や関与者のコミットメント、リーダーシップ、巻き込み力といったチェンジマネジメントが不可欠だ。たとえ、なにがしかの制度を導入できたとしても、運用時に形骸化したり、当初描いていた姿とはかけ離れた運用状況になるなど、制度の変更には計画から運用のあらゆる段階に落とし穴が潜んでいる。

日本のＮＲＡが参照する米国ＲＯＰとはどういう制度なのか。誕生した背景は？　誰がどのように開発した制度なのか？　どのように運用され、どのような結果を出したのか？　そして、私たちはＲＯＰから何を学ぶことができるのか？　その学びには、原子力発電所の検査制度を越えた普遍的な学びがあるのか否か。こうした問いは、規制機関や事業者といった制度の当事者でなくても、自然に湧き上がってくることかもしれない。私はこの問いかけに対する答えを提示したいと思い、本書を手掛けることにした。

読者の中には、原子力発電所や検査制度に関する専門的知識をお持ちの方も、直接的な接点のない方もいらっしゃるであろう。さまざまな観点によって、どこから読み始めるといいか、先にご紹介しておきたい。

ＲＯＰ開発の経緯から今日のＲＯＰまでを時系列で知りたい方には、1章から読むことを勧める。ＲＯＰがどういう制度なのかをまず知りたい方は、ＲＯＰの主な特徴はメカニズムを取り上げている2章と7章のページを開いてみるとよいだろう。ＲＯＰ開発を引き起こした社会的背景を知りたい方は、3章と4章を。そして、ＮＲＣによる制度改革について、内情を詳しく知りたい方は、5章を。ＲＯＰ開発における事業者や第三者が果たした役割を知りたい方は6章から読み進めることを勧める。

また、制度の変遷を理解するために、重要と思われる考えや出来事については、コラムを随所に設けた。ＲＯＰや原子力に関する専門用語は最小限に抑えた。巻末の略語一覧が一助になればと思う。

米国の検査制度改革の話を通じ、私が皆さんにお届けしたいことは、制度改革の先にあることを考える糸口だ。これから日本で始まる新たな検査制度を前に、読者の皆さんが日々感じられている問題意識や、知り得ることと照らし合わせながら、考えを深めるきっかけを本書が提示できるよう願っている。

さあ、ここからＲＯＰ誕生の物語を始めよう。

1

日本で始まろうとしている変化について

米国ＲＯＰについて書き始める前に、日本国内で検査制度改革が始まった背景について触れておきたい。制度改革の実施機関である原子力規制委員会・原子力規制庁、そして検査制度改革開始の概観を、筆者がどう捉え、またどのような調査方法を用いたかを紹介する。

原子力を規制する行政機関、ＮＲＡのミッション

日本では、原子力を用いた研究や事業が行われており、運営する団体は「原子力事業者」と呼ばれる。原子力事業者には、原子力発電所を運営する電力会社、使用済み燃料の再処理など核燃料サイクルに関わる事業者、発電用の燃料を製造する原子燃料メーカー、物理学、化学、医学等の実験を行う研究炉を持つ研究機関が含まれる。こうした原子力事業者の事業活動を安全の面からチェックし、安全の確保に取り組む行

政機関として、原子力規制委員会と、その事務局の原子力規制庁（Nuclear Regulatory Authority: NRA）がある。ＮＲＡは本書のテーマである「検査制度」改革を、日本国内で行う行政機関である。

ＮＲＡは、２０１１年に起きた福島第一原子力発電所における過酷事故の反省から、その翌年、環境省の外局として誕生した。ＮＲＡは、安全を扱う行政機関としては、２００８年発足の運輸安全委員会に次いで、日本の中で最も新しい安全系行政機関である。近年設置される行政機関がそうであるように、ＮＲＡにも母体となる行政機関がある。経済産業省傘下の「原子力安全・保安院」が原子力の規制機関であったが、福島第一原子力発電所の過酷事故の教訓から、設置先の省による指揮監督を受けない独立した規制機関として、ＮＲＡが設置されることになったのである。

ＮＲＡは、「国民の生命、健康及び財産の保護、環境の保全並びに我が国の安全保障に資すること」を目的に国会で設置された。原子力規制委員会設置法において、ＮＲＡのミッションは次の様に定められている。

「原子力規制委員会は、国民の生命、健康及び財産の保護、環境の保全並びに我が国の安全保障に資するため、原子力利用における安全の確保を図ること（原子力に係る製錬、加工、貯蔵、再処理及び廃棄の事業並びに原子炉に関する規制に関すること並びに国際約束に基づく保障措置の実施のための規制その他の原子力の平和的利用の確保のための規制に関することを含む。）を任務とする。」（原子力規制委員会設置法より第三条　平成二十四年法律第四十七号より抜粋）

「原子力規制検査」という名の新検査制度

原子力施設のライフサイクルは、設計、建設、運転、廃止措置の４つの段階から成る。ＮＲＡによる規制活動はこの段階に応じて行われている。例えば、設計段階には、設置に対する許可、工事計画に対する認可、建設段階には、使用前検査である。検査制度は、設計段階後の規制活動である。ＮＲＡは、検査制度をこれまでのものから、新たなものへ見直すことを決定した。その発端となったのが、国際的規制機関であるＩＡＥＡによる勧告である。ＮＲＡ発足理由の１つに、原子力規制に対する国際社会からの信頼失墜がある。失墜への反省を踏まえ、ＮＲＡは、国際機関や海外の原子力専門家との意見交換に注力している。その一環として、ＮＲＡ設立４年後に国

《ＩＡＥＡがＮＲＡに提示した3つの勧告》
（検査に関する勧告を抜粋）

R4	勧告：原子力規制委員会は、現在の組織体制の有効性を評価し、適切な横断的プロセスを実施し、年度業務計画の立案に際して利害関係者からの情報収集を強化し、さらに、自らの実績と資源利用を測るツールを開発すべきである。

勧告、提言、良好条件	
R9	勧告：政府は、 ・ 効率的で、パフォーマンスベースの、より規範的でない、リスク情報を活用した原子力安全と、放射線安全の規制を行えるよう、原子力規制委員会がより柔軟に対応できるように、 ・ 原子力規制委員会の検査官が、いつでもすべての施設と活動にフリーアクセスができる公式の権限を持てるように、 ・ 可能な限り最も低いレベルで対応型検査に関する原子力規制委員会としての意思決定が行えるように するために、検査制度を改善、簡素化すべきである。 変更された検査の枠組みに基づいて、原子力規制委員会は、等級別扱いに沿って、規制検査（予定された検査と事前通告なしの検査を含む）の種類と頻度を特定した、すべての施設及び活動に対する検査プログラムを開発、実施すべきである。

R4	勧告：原子力規制委員会は、不適合に対する制裁措置又は罰則について程度を付けて決定するための文書化された執行の方針を基準とプロセスとともに、また、安全上重大な事象のおそれが差し迫っている場合に是正措置を決定する時間を最小にできるような命令を処理するための規定を策定すべきである。

「IAEAによれば、2007年のレビューにおいても、検査制度の法的枠組みが不必要に複雑である、と指摘し、9年後に実施したレビューにおいても、本質的変化がなかったという」 IAEA、日本への総合規制評価サービス（IRRS）ミッション報告書 (2016, 2007)

際機関のＩＡＥＡによるレビュー・ＩＲＲＳ（Integrated Regulatory Review Service総合原子力規制評価サービス）を受けた。設計段階の規制である新規制基準に関しては、速やかな運用開始等が評価された。その一方で、検査については、「効率的でパフォーマンスベースの、より規範的でない、リスク情報を活用した原子力安全と放射線安全の規制を行うこと」など3つの勧告を受けた。勧告のうちの1つは、２００７年に行われたＩＡＥＡのレビューと同じ内容であった。つまり、9年経っても、改善されていなかったのである。このことを問題視したＮＲＡは、ＩＡＥＡの勧告から1ヶ月後に、「検査制度の見直しに関する検討チーム」を発足し、検討を開始した。それを契機に、２０１7年4月には、法律改正が行われ、「原子力規制検査」の制度設計が開始したのである。

この「原子力規制検査」制度の設計時にＮＲＡが参考としているのが「米国ＲＯＰ」である。米国ＲＯＰは、ＩＡＥＡの勧告内容を実現している制度として、国際社会から高い評価を得ている制度である。

ＩＡＥＡレビューをトリガーにＮＲＡが始めた検査制度改革

ＩＡＥＡは、ＮＲＡに対し「原子力と放射線の安全について責任を負っている日本の規制当局が、調和された効果的な規制監視を実現し、また、それぞれが所管する規制が調和されるよう、政策、許認可、検査及び執行措置に関する情報交換を行うための効果的で協力的なプロセスを構築し実施すべきである。」と勧告を出している。

２０１６年4月25日、ＩＡＥＡのレビュー結果がＮＲＡに届いた日の3日後、ＮＲＡは、検査制度へのレビュー結果に対する今後の方針として次の4点を明らかにした。1．法律改正による実効性ある検査の仕組み、2．組織・体制の強化と専門的知識のある検査官の配置、3．発電所内のフリーアクセス、4．研修体制の強化、である。

その方針に見られる特徴は、改善とスピードである。「基本姿勢として、とにかく必要な改善は随時行っていく。逆に言うと、現状に安住することなく、継続的改善をとにかくやっていくことが東京電力福島第一原子力発電所の事故の反省点（中略）。いただいた指摘は全て真摯に受けとめて、できるだけ早く実効的な対策を打つのが基本的な価値観」だとＮＲＡの幹部は述べる。「事業者の一義的責任がきちんとまず果たされ、それをしっかりと原子力規制委員会が確保していくような検査の体系に移していく。その際に、検査部門の判断によって、検査項目として重点的に扱うべきものはどういうものなのであるのかといったことについて、実効性のある判断ができるような仕組みとするというような方向が必要」とした。（平成28年度 第5回原子力規制委員会臨時会議 日本への総合規制評価サービス（ＩＲＲＳ）ミッション報告書について より一部抜粋）

効果的な規制監視を脅かす「制度設計時の混乱」

ＮＲＡは自然災害、シビアアクシデントマネジメント、緊急事態に対する準備など、福島第一原子力発電所事故での教訓を、新しい規制の枠組みへ速やかに取り入れた。しかし、迅速さが引き起こした問題もあった。原子力施設への安全審査において、「納得できない」といった、規制委員による主観的響きを備えた意思表示、規制庁職員によってほのめかされる行政指導に近い発言、基準を確認しようとする原子力事業者からの手探り的な提案といった、各関係者の行動がループ化し、「審査の予見性の低さ」による混乱を招いた。新規制基準制定から4年目に入っても遅々として進まない審査状況が、衆議院において、議員から問い質される事態となった。（第152回第192回国会　原子力問題調査特別委員会　第2号（平成28年11月22日より）。また、行政活動を外部有識者がレビューする行政評価レビューにおいても、審査関連活動の計画的実施状況を確認する発言が外部有識者から相次いでいる。（原子力規制委員会　平成28年度行政事業レビュー公開プロセス　平成28年6月16日より）

無論、制度設計当初の混乱は、NRA特有のことではない。福島第一原子力発電所事故後に、当時の政権がEUから日本に持ち込んだ「ストレステスト」の実施においても、関係機関である安全委員会と原子力保安院の間でゆがみが生じたという。

「保安院は、ストレステストの『評価手法と実施計画』を策定し、安全委員会の意向を踏まえて内容を充実させた結果、それ自体については了承を得ることはできたものの、このような安全委員会が有していたストレステストにかける本質的な思いについては十分に理解せず、また、理解しようとしていたとは言い難かった。この問題は、保安院が一次評価の実施に向け、事業者向けの手順書を整備しようとした際に顕在化した。」（市村　知也　政策研究大学院大学博士（公共政策分析）「原発利用のための制度の変化に関する考察 ― 福島原発事故の影響に着目して ―」）

ここで1つの根本的な問いが生じる。NRAは、制度設計時の混乱を乗り越え、いかにして新しい検査制度の目指す姿を実現するのか、という問いである。新しい検査制度が本当に効果的に安全性を向上しうるものとして設計され、運用されるのか。そのための、関係者との健全なコミュニケーションに継続的に取り組めるのか、という検査制度の根幹をなす問いである。

この問いに対するヒントを得ようと、本書ではNRAが参照する米国ROP誕生をとりあげることにした。

米国検査制度改革の教訓を導出する5つの問い

ROP導入という米国検査制度改革が成功裏に進み、信頼される制度となるに至った全貌へ迫るべく、5つの問いを設定した。

1　制度改革がなぜ必要になったのか

ＲＯＰ開始前の米国には、ＳＡＬＰ(Systematic Assessment Licensee Performance)と呼ばれる検査制度が１９８０年から運用されていた。ＳＡＬＰは、スリーマイルアイランド事故（以下ＴＭＩ事故と表記）の反省を踏まえて作られた検査制度である。その制度が、運用開始から十数年後には、議会を巻き込んだ議論にまで発展し、廃止議論に追い込まれた。ＳＡＬＰが引き起こした問題は一体何であったのかをみてみる。

2　制度改革はいかに引き起こされたのか

ＳＡＬＰの見直しが、部分的改善にとどまらず、ＳＡＬＰそのものが廃止に至った背景をみる。制度はよほどのことがないと改革されるには至らず、微修正や屋上屋を重ねるような対応に留まりがちである。それがなぜ、この時は制度改革することにまでに至ったのかを探る。ＳＡＬＰをめぐっておきた出来事と関係者の動きをたどりながら、制度改革が開始するまでの動きを取り上げる。

3 ROPはどのように開発されたのか

ROPは、従来の制度とは大きく異なるアプローチで開発された。その開発アプローチは何か。制度設計の過程をたどりながら、そのアプローチが採用された背景や、関係者の果たした役割を分析する。

4 ROPはどのように安全性の向上を促進するのか

ROPは、「客観性の担保」、「透明性の高いプロセス」といった特徴を備えた制度であり、そのことは、自国の関係者のみならず、国際機関からも高い評価がなされている。ROPが原子力の安全性向上を促進する制度である理由についてしくみの観点から考察する。

5 ROPはなぜぶれずに運用されるのか

ROPの前の制度であるSALPでは、制度に追加施策が加えられ、修正が重ねられたことが、制度の複雑化と制度の運用者と被規制者の間で混乱を招くことになった。ROPがどうかと言えば、運用開始後も制度の検証と見直しが継続する一方で、制度の目的が変わることもなく、また、大掛かりな措置の追加もないまま、今日に至る。SALPで起きたことがROPではなぜ起こらずいるのか。このことは安全性向上の促進においてどのような意味を持つのか、について考察する。

本書における組織改善専門家としての着眼点

本書で取り上げるROP調査では、3つの特徴を備えたアプローチを採用している。この3つのアプローチは、先に述べた問いに対する手がかりを得ようと、筆者が組織改善の専門家としての視点から考案し、組み合わせたものである。

1つ目の特徴は、検査制度の変遷をビッグピクチャーでとらえようとしたことである。調査に時間軸を採用し、旧制度と新制度とを比較することにより、検査制度の本質へ動態的に迫ろうと取り組んだ。米国の検査制度は、大きく3つの変遷があるが、本書では、これらの変遷の背景、過程、結果をつぶさに描き、制度の進展を考察している。

2つ目の特徴は、ROP誕生の社会環境や、アクター間の関係性を、明らかにしようとした点である。ＲＯＰ開発に関わった立場の異なる方々へのインタビューを重ねることで、規制文書等の公開情報には記載されていない背景や関係者の考え方、そして事実関係を追った。

３つ目の特徴は、検査制度の主管官庁であるＮＲＣ（Nuclear Regulatory Commission 米国原子力規制委員会）の戦略と検査業務体制を考察しようと、経営分析手法を適用し、「ミッション」「目的」「戦略」「戦術（技術、情報、人、リソース）」「結果」から分析した。組織運営については、いくら積極的な情報公開を行う機関であろうとも、公開資料からだけでは読み切れないことがあると想定した。そこで、当事者・関係者インタビューを通じ、自らの立てた仮説や分析結果を検証し、ＮＲＣが抱えていた真なる課題、採用された解決策、解決の道筋を明らかにしようと取り組んだ。

行間を埋めるインタビュー調査

インタビューは、出来事の謎を解き明かし、出来事の関係性を明らかにしてくれる。１つ１つの点でしかなかった出来事に、文脈を与えてくれるのがインタビューであり、いわば生きた教科書である。

調査では、ＲＯＰに対する多くの生き証人の方にお話を伺わせていただくことを心がけた。「規制する側」ではコミッショナーと呼ばれる元原子力規制委員、本庁運営総局の元幹部・関係職員、元地方局職員等へインタビューを実施した。また、他国の規制機関関係者へのインタビューを通じ、ＮＲＣとＮＲＡの比較に第3の対象を加えることで、視点が狭くならないよう工夫を加えた。「規制される側」では、事業者、業界団体幹部らへのインタビューを実施した。

さらに、ＲＯＰに深く関与した規制者でも産業者でもない第三者に対するインタビューは、視点の偏りを防ぐ貴重な機会であった。インタビューと文献調査を通じ「規制する側」「規制される側」「制度をみまもる第三者」「一般市民」の検査制度に対する問題意識や取り組みや関わりを明らかにすることにより、制度改革が進められる日本に対し、米国の検査制度改革の何を教訓とすることができるのか、自分なりに導き出した答えを本書で伝えたいと思う。

2 ＲＯＰの理解を助ける3つの基礎情報

ＲＯＰの理解を助けるであろう3つの基礎情報がある。ＲＯＰを運営するＮＲＣとはどのような行政機関なのか、ＲＯＰができるまでの制度の歴史はどのようなものか、そして、ＲＯＰがどういう制度なのか。この３点について大まかにつかめる情報があると、他国の検査制度についての話が頭に入りやすくなるかもしれない。

基礎情報1　ＲＯＰの実施者であるＮＲＣとは

ＮＲＣも元々は形式主義だった

ＮＲＣ（Nuclear Regulatory Commission　米国原子力規制委員）は１９７５年１月に設立された。米国原子力委員会（ＡＥＣ）という、原子力の推進と監督、核兵器を所掌する組織が分割される際に、ＮＲＣは原子力安全に関する監督業務を担当とする組織として誕生した。しかし、NRCの主要業務は原子力安全というより、形式主義的な許認可手続きにとどまっていた様子がうかがわれる。

米国で起きたTMI事故の検証委員会（以下ケメニー委員会）のメンバーとして、原子力安全行政に詳しいピグフォード元カリフォルニア大学教授によると、NRCが行う規制活動は、個々の問題に対し、原子力推進を意識し、かつ形式的な内容で占められていたという。（詳しくは、ロジャー　E．カスパーソン、アーノルド　グレイ著『スリーマイルアイランドおよびケメニー委員会レポートに対する社会の受け止め』　ハワード・C・クンルーザー、エリル・V・レイ編「リスク分析論争」スプリンガー　1982年）

原油の供給ひっ迫と原油価格の高騰によるオイルショックの影響を背景に、益々旺盛になる原子力発電所建設ムードを受け、NRCには効率的に許認可を処理する行政能力が期待された。例えば、歴代委員を見ると、設立当初は法務、経済、行政に長けた人間が複数就任している。歴代委員のプロフィールに見られる変化は、NRCに期待される役割の変化を知る1つの手がかりとなる。1970年代におけるある委員の前職は州の公共料金（電話、電気）管理団体の委員であった。

ペーパーワークは複雑化・肥大化傾向にあり、たとえば、事業者の名義変更手続きといった簡易な案件でさえ、1年以上の時間を要することも珍しくなかった。

ただ、当時のNRCが、原子力安全に対し全く疎かったのかと言えばそうではない。NRC設立から3ヶ月後の1975年3月に起きたブラウンズフェリー原子力発電所1号機ケーブル火災対応を契機に、深層防護という考え方を採用した規制への見直しを実施した。

連邦政府、州政府にも似たNRCの本庁と地方局の機能分担

米国では1970年代の建設ラッシュから、100を超える発電所が商業炉として誕生している。昨今は買収・合併により、事業所数は絞り込まれ、また近年のシェールガスや風力発電との競争に伴い、早期閉鎖を選択する発電所が出てきている中、現在稼働中の運転基数は98である。事業者数、運転基数共に日本をはるかに上回る米国では、管轄する方法として本庁と4つの地方局による運営体制が敷かれている。

4つの地方局の業務報告先は、規制基準、セキュリティ、新設部門と同じく、運営総局次長である。各地方局は、検査をはじめ規制の執行に必要な機能を有している。

≪ROPに関わりのあるNRC内関係部署・責任者関係図≫

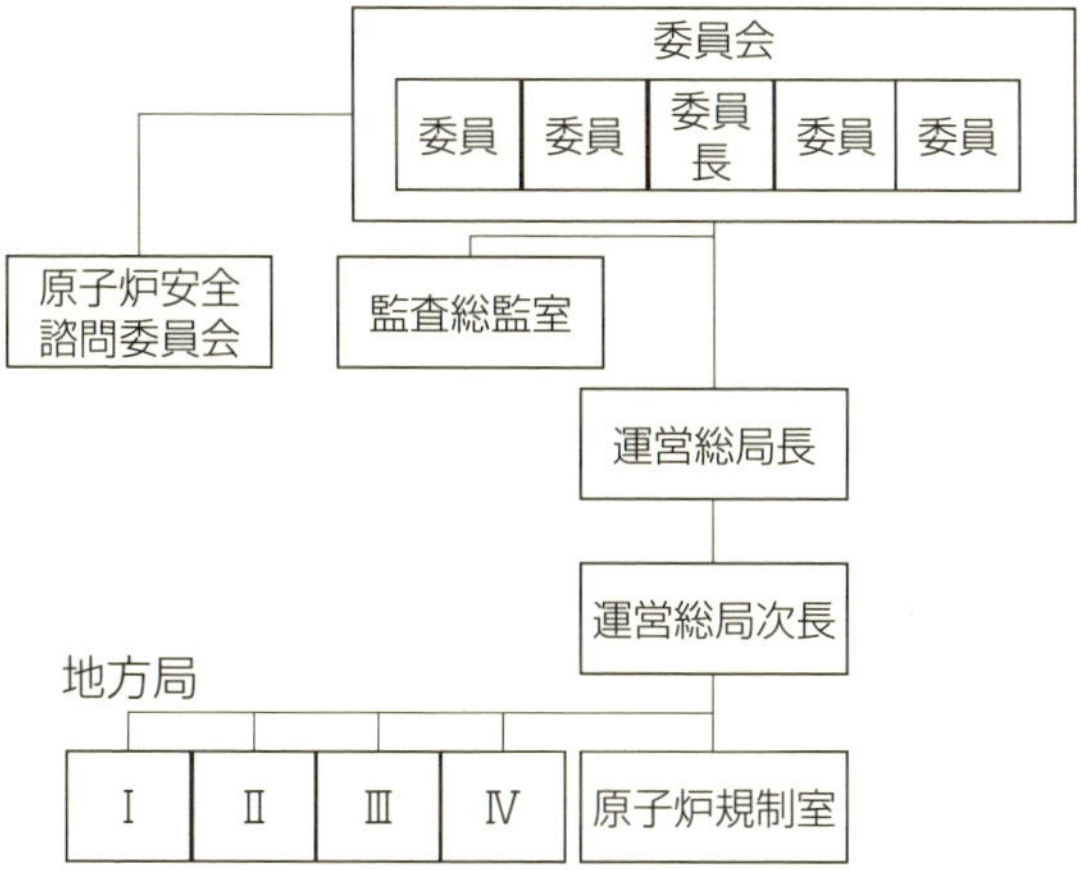

上図 ＮＲＣにおける地方局のポジション
本稿に関連する部分のみ抜粋、日本語訳を追加
右図 各地方局が管轄する商業炉（色別）

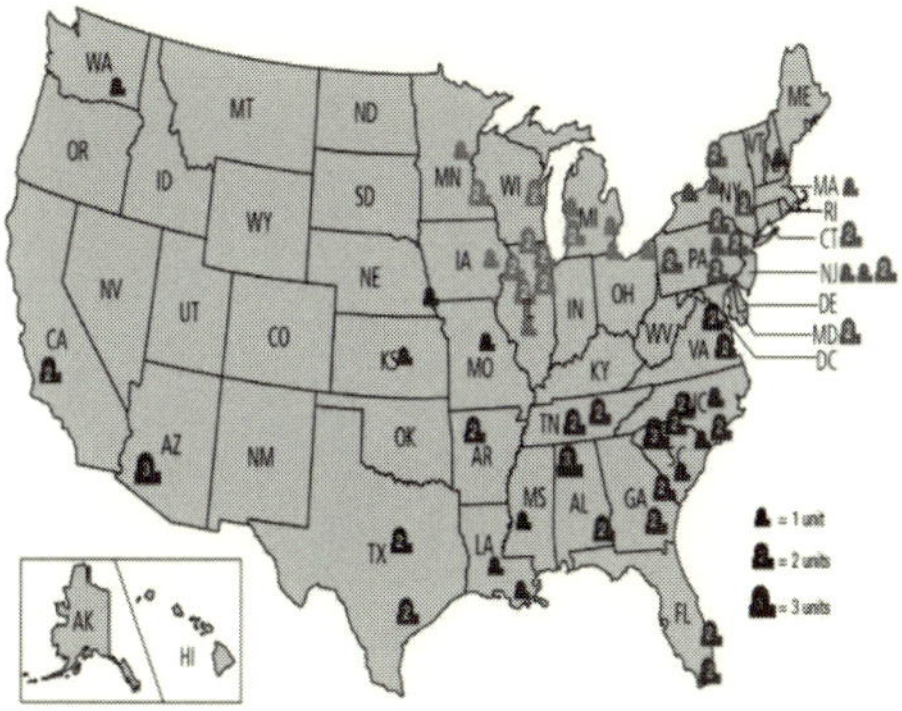

《米国の商業原子炉向け検査制度の変遷》

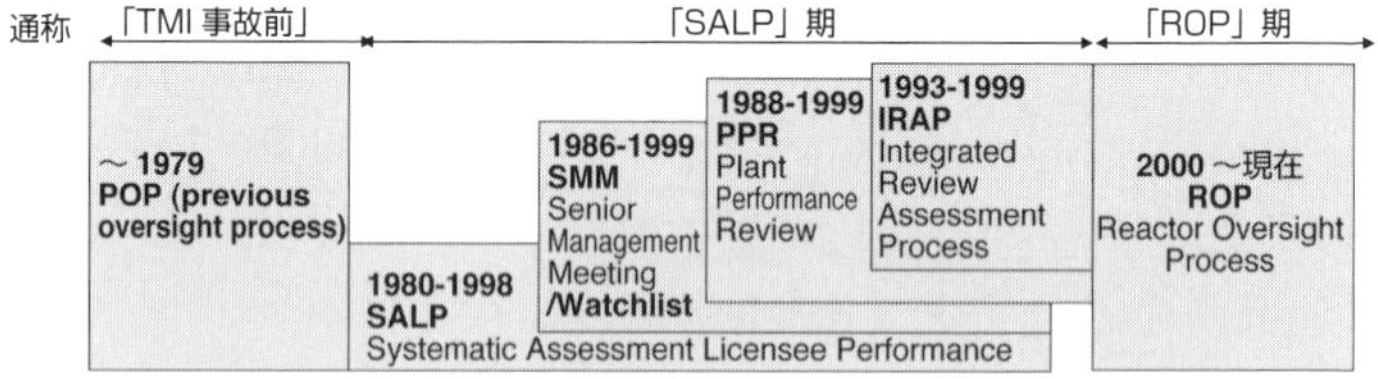

UCS," Reactor Oversight Process " NRC, ML12208A272, "Reactor Oversight Process" Inspection Manual Chapter 0308
NRA「米国の監視評価の仕組みの変遷について（SALP から ROP へ）」等をもとに作成

例えば、米国南部を管轄する第2地方局には、各ROPの実施部隊のほか、発電所ごとの対応部署や建設対応部署、トレーニング、州政府対応、IT、HR（人事）、広報などの機能がある。管轄地域における発電所の数や歴史とあいまって、4つの地方局は完全同一の運営というより、むしろそれぞれの特色を備えている。

基礎情報2　米国原子力検査制度の3つのフェーズ

米国の原子力検査制度は大きく3つの変遷がある。TMI事故前の制度、TMI直後の制度（SALP）、SALPからの移行期を経たROPである。

TMI事故前→SALP期→移行期→ROP期という流れの詳細は、次章以降でも詳しく説明するが、この流れを知ることでＲＯＰ誕生の理由が見えてくる。

基礎情報3　ＲＯＰを理解するための根幹となる2つの理念

理念1「公衆のための原子力安全確保を通じ、信頼に応える」

ＲＯＰは、米国の商業用原子力発電所を対象とした、「公衆の衛生と安全確保」を目的に2000年から開始された検査制度である。ＲＯＰ開始時に、公衆から信頼を得ることが、産・民交えた検討を通じ、より根源的な理念として合意されたという特徴を持つ。この合意は開始当初のみならず、その後の、改良検討においても受け継がれている。検討プロセスには、ＮＲＣ内外の様々な関係者が関与しているが、目的かられることなくＲＯＰの改良が重ねられる主な理由は、ＲＯＰ検討プロセスにおいて自由、インクルージョン、問いかけ、自発性、可能性の精神が、関与する人々の間で尊重され、コミュニケーションにおいて合意されてきたことにあるという。

理念2「リスクインフォームド（リスク情報の活用）、パフォーマンスベースド」

ＲＯＰには安全性を継続的に向上させるメカニズムがある。そのメカニズムは、「リスクインフォームド」、「パフォーマンスベースド」と呼ばれる。安全性とセキュリティを検査、測定、評価し、パフォーマンスの低下を予測し、対応することにより、この２つのメカニズムが働く。ＲＯＰにおいて、発電所のパフォーマンスに応じ、ＮＲＣに期待できることは何であるのかが規定されている。

ターニングポイントとなったTMI事故と米国原子力安全行政

TMI事故前の検査制度とTMI事故の影響

米国における原子力安全行政の１つのターニングポイントは、１９７９年３月に起きたＴＭＩ事故である。ＴＭＩ事故前から、米国には検査制度は存在しており、その検査では、ＡＢＣの３段階評価が行われていた。検査官は集めたデータを用いて、評価をしていたが、評価方法・基準は曖昧であったと言う。例えばＢの定義はなされておらず、Ａほどよくはないが、Ｃほどではないプラントに Ｂがつけらている、といっ

《TMI事故前の検査結果例》

CALENDAR YEAR - 1976

FACILITY	Z SCORE NONCOMPLIANCE SIMPLIFIED	DETAILED	Z SCORE TOTAL SIMPLIFIED	DETAILED	CATEGORY SIMPLIFIED	DETAILED
Yankee Rowe	0.2	0.3	0.5	0.6	B	B
San Onofre	1.2	1.3	2.4	2.4	A	A
Conn. Yankee	0.1	0.1	0.2	0.2	B	B
Surry	[illegible]	2.1	1.8	2.1	A	[illegible]
Prairie Island	0.9	0.9	0.3	0.3	B	B
Ft. Calhoun	0.2	0.0	0.3	0.1	B	B
Three Mile Island	0.0	-0.2	-0.2	-0.4	B	B
Zion	-1.7	-3.3	-1.8	-3.4	C	C
Kewaunee	-0.1	-0.2	-0.4	-0.5	B	B
Maine Yankee	0.2	0.5	0.5	0.8	B	B

「米国における1970年代の検査結果文書。事故を起こしたスリーマイルアイランド原子力発電所の評価はBであった」
NRC発行1977年9月27日付資料から一部抜粋。

た評価であったのだ。問題のある発電所に対し、厳格な検査を行えるよう、ＮＲＣは、より多くの職員を割り当てるための評価も行っていた。そして、事故の起きたＴＭＩにはＢ評定がつけられていた。

ＴＭＩ事故から2週間後に、事故に関する大統領任意委員会（ケメニー委員会）が発足し、事故を総合的に調査・検討した。７ヶ月後の１９７９年10月、同委員会は、時の大統領であるジミー・カーター大統領へ検討結果を報告した。その報告書では、規制の在り方について以下のような厳しい指摘がなされた。

《ケメニー委員会報告書の冒頭部分》

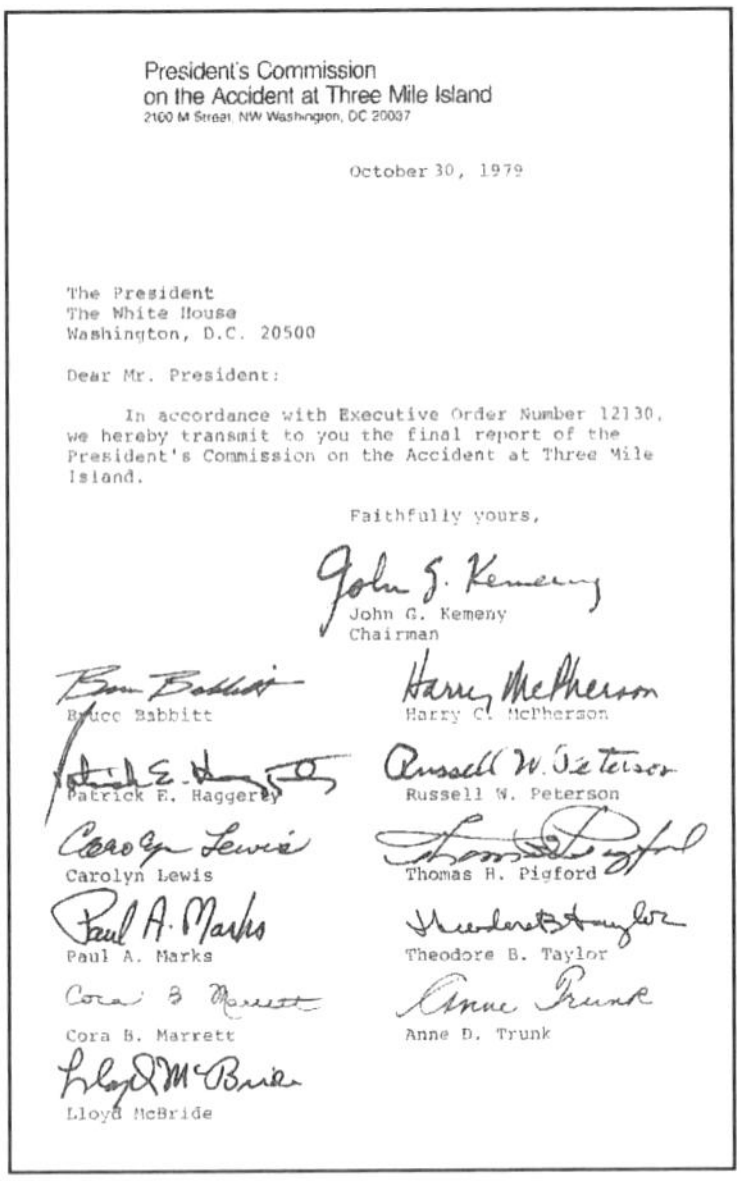

President's Commission
on the Accident at Three Mile Island
2100 M Street, NW Washington, DC 20037

October 30, 1979

The President
The White House
Washington, D.C. 20500

Dear Mr. President:

In accordance with Executive Order Number 12130, we hereby transmit to you the final report of the President's Commission on the Accident at Three Mile Island.

Faithfully yours,

John G. Kemeny
Chairman

Bruce Babbitt
Harry C. McPherson
Patrick E. Haggerty
Russell W. Peterson
Carolyn Lewis
Thomas H. Pigford
Paul A. Marks
Theodore B. Taylor
Cora B. Marrett
Anne D. Trunk
Lloyd McBride

「規制しさえすれば、原子力発電所の安全が確保されるわけではない。ひとたび、規制が膨れ上がり、複雑になることは、原子力安全に対するネガティブ要因にもなりうる。（中略）巨大化した規制組織を前に、産業界の関心は、安全を全体的にとらえた注意よりも、規制を満たすことに向けられている。（中略）規制の中には、電力会社やサプライヤーが安全性向上施策に取り組もうとする際の妨げになっている可能性もある。」（大統領委員会ＴＭＩ事故報告書「変化の必要性」１９７９年10月）

スリーマイルアイランド（TMI）事故

米国のペンシルバニア州スリーマイルアイランド原子力発電所の2号炉で、１９７９年3月28日に発生した事故。炉心の一部が溶融し、周辺に放射性物質が放出され、住民の一部が避難する事態を招いた。米国で最も深刻な商業用原子力発電所の事故である。

（ATOMICAおよびNRC, Backgrounder on the Three Mile Island Accident を参照）

ＴＭＩ事故（１９７９年）後の米国原子力業界では、産業界、ＮＲＣ共に、安全性強化の取り組みを進めた。産業界では１９８０年の原子力発電運転協会（ＩＮＰＯ）

設立による事業者自らの安全性向上に向けた相互学習を開始し、これによりプラント運転・保全力の強化が進展した。

NRCは、TMI事故を一般的なものとしてとらえ、安全規制に反映させるための数々の検討を実施した。

その中の1つがSALPである。SALPは、規制を統合化するものとして、大統領委員会（ケメニー委員会）の報告を受けた規制側の対応策として急ピッチで検討され、1980年に開始された。

《TMI事故からSALP開始までの主な動き》

年	月	
1979	3	TMI 事故
	4	大統領委員会（ケメニー委員会）発足
	10	同委員会が検討結果（ケメニーレポート）を大統領に報告
	12	原子力発電運転協会（INPO）設立
1980		原子力発電事業者監視委員会（UNPOC）設立
		NRC が SALP を開始

（筆者作成）

3 SALP時代

ＴＭＩ事故の後、20年間にわたり米国で運用されたＳＡＬＰとは、どういう制度であったのか。どのような役割をもっていたのか。そして、なぜＲＯＰへの見直しが行われるに至ったのか。ＳＡＬＰに影響を与えた３つの大きな出来事を交えながら紐解いてみよう。

ＳＡＬＰとはいかなる検査だったか

「プラントの運営者こそが安全で実用的な機能を保証する最良の立場にあることです。規制がいかに有能かつ厳格に適用されても、この役割を担うことはできません。」（コモンウェルスエジソン社・原子力発電事業者監視委員会「オペレーショナルエクセレンス達成に向けたリーダーシップ」１９８６年）

ＳＡＬＰは、事業者の安全パフォーマンスを総合的に評価しようとする制度である。それまでのケースバイケースで行われていた事業者のパフォーマンス評価を長期視点で評価するために導入された。また、ＳＡＬＰ評価は、ＮＲＣがどの発電所にどれだけリソースを投入するかという配分検討時の手がかりとしても利用されていた。

制度の特徴は、評価機能分野を特定し、各分野を、１＝最高レベル、２＝満足すべきレベル、３＝最低許容レベル、Ｎ＝評価未実施のいずれかで評価するという点にあった。この評価をもとにＮＲＣと事業者とが安全パフォーマンスについてコミュニケーションする。評価結果は公開されていた。

ＳＡＬＰでは、原則18ヶ月ごとに評価が行われており、適時性がない、つまり、検査結果が出る頃には発電所の状態が変わっている、という弱点を抱えていた。ＮＲＣがＳＡＬＰを開始し5年が過ぎた頃、再び問題が起きた。オハイオ州エリー湖付近に位置するデービスベッセ発電所での給水喪失事象である。

デービスベッセの給水喪失事象

1985年にデービスベッセ原子力発電所で起きた給水喪失事象は、安全系機器が待機不全となった事象であった。しかし、NRCは同発電所を「2（満足すべきレベル）」と評価し、事象の予兆を見逃していたことが問題となった。

翌年NRCは、幹部らが事業者のパフォーマンスを論議する「シニアマネジメントミーティング（SMM）」、問題ありの発電所を一覧にした「ウォッチリスト」をSALPへ相次いで追加した。背景には議会からの要請があったという。

規制の見直しはNRCに対する直接の外的圧力によってのみ始まるわけではない。NRC内でも粛々とSALPの高度化検討が行われていた。1993年8月には効率化の観点からSALPの微改訂が行われた。具体的には、17個あった評価機能分野が4つになり、1運転、2保守、3エンジニアリング、4プラント支援（放射線管理、非常時対策等）にまとめられ、評価レポートは簡素化されることになった。1分野ごとに最大2ページまでに集約されることになったほか、作成頻度も、SALPごとに評価開始直後と、最終時の2度にわたり作成されていたものが、1回に集約された。

《SALPの発電所別評価》

REGION 1

REACTORS IN OPERATION

PLANT NAME	RPT	OPS	RADCON	MAINT	SURV	EP	FP	SEC	OUTG	QP	LIC	TRG
BEAVER VALLEY 1	12/85	2	2	1	2	1	1	1	3	N	1	N
CALVERT CLIFFS 1/2	07/86	2	1	2	1	1	N	1	2	2	1	2
FITZPATRICK	03/86	2	2	2	2	1	1	1	2	2	2	N
GINNA 1	02/85	2	2	1	1	2	1	1	1	3	1	N
HADDAM NECK	05/86	1	2	2	2	2	N	1	2	2	2	2
HOPE CREEK 1	04/86	N	2	2	N	2	N	1	N	1	2	N
INDIAN POINT 2	12/85	2	3	2	1	1	2	1	2	N	2	N
INDIAN POINT 3	03/86	2	1	1	1	1	N	1	1	2	2	2
LIMERICK 1	06/86	1	2	2	2	1	N	3	N	1	1	2
MAINE YANKEE	01/86	2	2	2	1	1	1	1	2	N	2	N
MILLSTONE 1/2	05/85	1	2	1	1	1	1	1	1	1	1	N
MILLSTONE 3	03/86	2	2	2	3	2	1	1	N	N	2	N
NINE MILE POINT 1	08/85	1	1	2	1	1	1	1	N	N	1	N
OYSTER CREEK 1	10/85	2	1	3	2	1	2	2	2	N	2	N
PEACH BOTTOM 2/3	06/86	2	2	2	2	2	2	3	1	3	2	2
PILGRIM	02/86	3	3	2	2	3	N	2	1	N	1	N
SALEM 1/2	12/85	2	1	2	2	2	2	1	2	N	2	N
SHOREHAM	07/86	2	3	2	N	1	N	1	2	2	3	3
SUSQUEHANNA 1/2	07/85	2	1	1	2	1	2	1	1	1	1	N
THREE MILE ISLAND 1	07/86	2	1	2	1	1	N	2	N	1	2	1
VERMONT YANKEE	12/85	1	2	1	1	2	N	2	1	2	1	N
YANKEE ROWE	04/85	1	2	1	1	1	1	2	1	2	1	N

（NRC, NUREG1214, 1986年10月）

この決定に先駆けた1992年に、NRCは産業界、第三者を招いたワークショップを開催し、SALP微改訂について説明を行っている。

ただし、当時の公聴会、ワークショップへ参加した第三者によれば、SALP時代でのワークショップは、形式的で「開くことに意味をおいているようにみえる」ものだったという。検査の根幹に係る問題をNRCと事業者とが対等に議論するというより、検査の細部における見直し内容をＮＲＣから産業界に説明する位置づけであり、ＲＯＰ導入後の公聴会とは大きく異なっていたことが伺われる。

「タワーズペリンレポート」の発行が明らかにした「ＳＡＬＰ」真の姿

タワーズペリンレポートとは

議会を巻きこみ、ＳＡＬＰ廃止を引き起こした最大のドライバーがタワーズペリン社発行の「原子力規制のレビュー研究」（“Nuclear Regulatory Review Study“ 本書ではタワーズペリンレポートと表記）である。１９９４年の初めに業界団体の合併により発足したＮＥＩが、コンサルティング会社のタワーズペリン社に調査委託し、同年10月に作成されたのがこのレポートである。「調査の信頼性」という観点から、当時の米国における大手コンサルティング会社であった同社が手掛けることになったという。

タワーズペリンは人の名前？

タワーズペリン社はタワーズ氏、ペリン氏、フォスター氏、クロスビー氏により、1934年米国フィラデルフィアにて設立されたコンサルティング兼保険ブローカー会社である。金融（保険）業界、人事分野を手掛けるコンサルティング会社として1960年代から急成長し、1990年代まで、数多くの買収・合併により、規模を拡大。1990年代初めには8400名の社員を有する一大コンサルティング会社へ躍進する。「原子力規制のレビュー研究」を手掛けた同社のエネルギー部門は、原子力産業向けコンサルティングのできるプロフェッショナルを抱えていた。クレサップ社、マコーミック社、ペイジ社といった、業界に精通するコンサルティング会社を合併することで、同社は、原子力を含めたエネルギー業界向けコンサルティングビジネスを広げた。「原子力規制のレビュー研究」は、具体性ある提案力で定評のあったクレサップ社出身のコンサルタントが筆頭になり、とりまとめられた。

同レポートが手掛けた内容は「『規制される側』が見た規制プロセス」であった。44の事業者（本社・発電所を含む）による規制プロセスの評価結果、そして、タワーズペリン社による規制プロセスに関する分析結果が、５００ページの報告書に収められている。その回答者は発電所勤務のマネジャーから本社勤務の幹部まで幅広いアンケート及びインタビューに基づき作成されている。調査に基づく同書の結論は以下の通りである。

1　「原子力産業界は、公衆の衛生と安全を守るための第一義的な責任を継続的に果たしてきた。ＮＲＣが用いるＰＩ（Performance Indicator パフォーマンス指標）においても、過去10年間にわたり、米国発電所の安全性が大幅に向上したことを示している。産業界も、強く、公正な規制機関が公衆の衛生と安全を守るという産業界の役割をより強めるために必要であることを理解している。

2　ＮＲＣは、冗長あるいは不要な規制の廃止、そして、より客観的な指標（例えばＰＲＡ）を用いた規制、ＮＲＣ職員の卓越した技術的能力と献身的な業務遂行など、発電所の安全性強化に役立つことにこれまで取り組んできた。

3　しかし、ＮＲＣと産業界とのやりとりが常に効果的になされてきとは言い難い。事業者は、ＮＲＣによる圧力により、自らの見解を貫き通すことに困難を感じている。たとえば、業界全体で取り組まなくてはならないような重要課題に対しても、ＮＲＣの圧力がひとたび生じると、各社は、産業界として取り組もうとしていることから離れ出し、ＮＲＣの要求へ黙従するようになる。原子力産業界はまだバラバラなところがあるため、本来、ＮＲＣと議論しなければならない重要課題について効果的に取り組んでいるとは言い難い。

4　本レポートは、ＮＲＣの規制プロセスにおいて、慢性かつ永続的な問題が多数あることを明らかにしている。ＮＲＣもこれらの問題を長年にわたり自覚していた。また、産業界の多くの方が、ＮＲＣの多くの活動は公衆の衛生と安全を向上させていないととらえている。ＮＲＣによる活動の多くが、産業界の自主的な運営力を委縮させ、事業者の目が、本来、最優先にすべき課題から別のものへと向けられることになっている点で、マイナス効果である。多くのＮＲＣの活動が、不必要に電気料金を上昇させ、また、意図的なものでないにしろ、原子力に対する公衆の信頼を損なっている。

（タワーズペリン社「原子力規制のレビュー研究」より一部抜粋）

タワーズペリンレポートで取り上げられている数々のデータのうち、要約箇所で取り上げられているものおよび、要約箇所の裏付けとして用いられているデータとして、安全指標、検査業務、事業者アンケート調査結果を紹介する。

まず、《米国原子力発電所のパフォーマンスデータ》を見てみよう（48ページ参照）。グラフＡ「計画外自動スクラム回数」、グラフＢの「安全系システムの計画外作動件数」ともに、安全の主要指標である。いずれの指標傾向からも、年々安全パフォーマンスが改善していることが分かる。

一方、グラフＣ（49ページ参照）が示す「違反レベル違反レベル」の乱高下する数字を見てほしい。ＮＲＣが発行する違反のレベル表示は、レベルⅠ（最も深刻）からⅤ（最も軽微）までの５段階があり、このグラフが示しているのは、Ⅲ～Ⅴ、つまりどちらかというと軽いレベルの違反発生数件数だ。デービスベッセ原子力発電所における給水喪失事象が起きた翌年１９８６年の違反発行件数が前年の約５割増となっている。その翌年１９９７年は違反発行件数が激減するといったように起伏が大きい。グラフＡ、Ｂで示されている安全指標とは対照的であることがわかる。

次に、《発電所ごとのＳＡＬＰスコアと検査に要した時間》（49ページ）である。ＳＡ

《米国原子力発電所のパフォーマンスデータ》

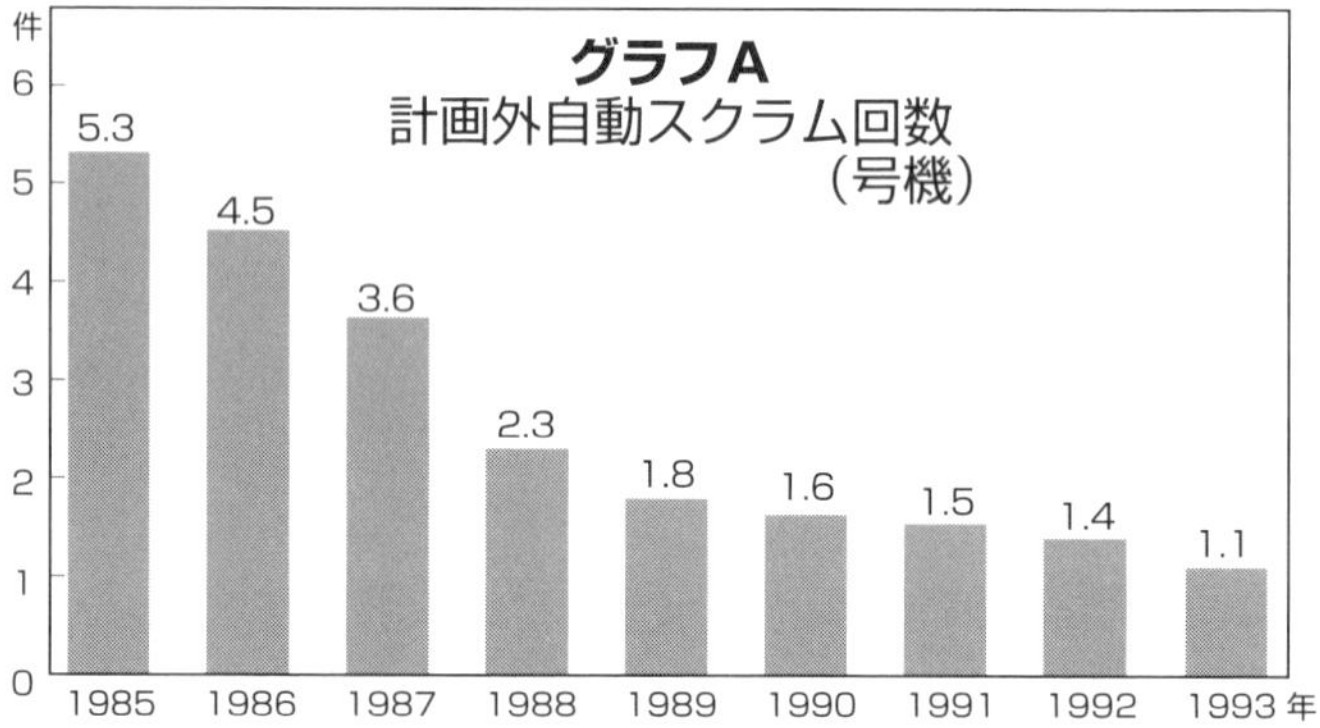

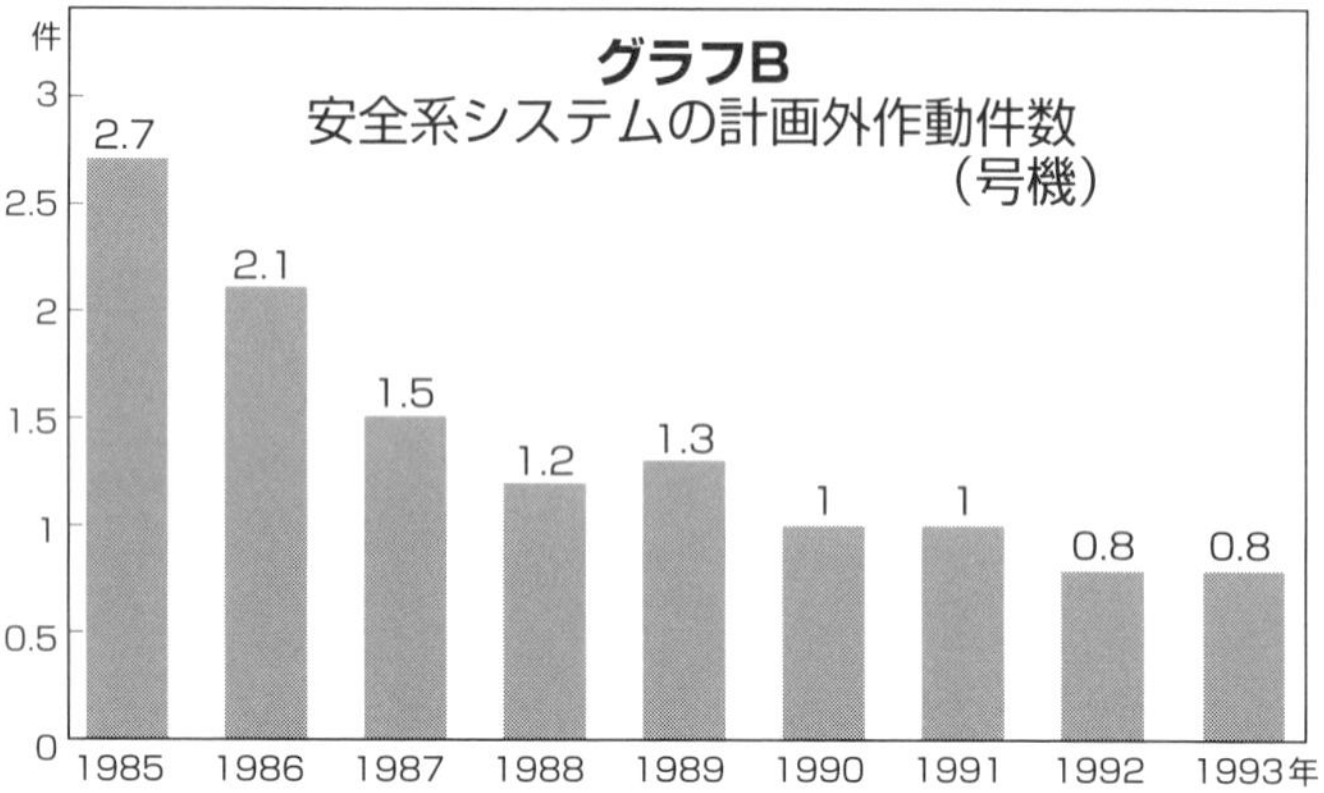

グラフC

違反レベルⅢ～Ⅴ（最も軽微）の数

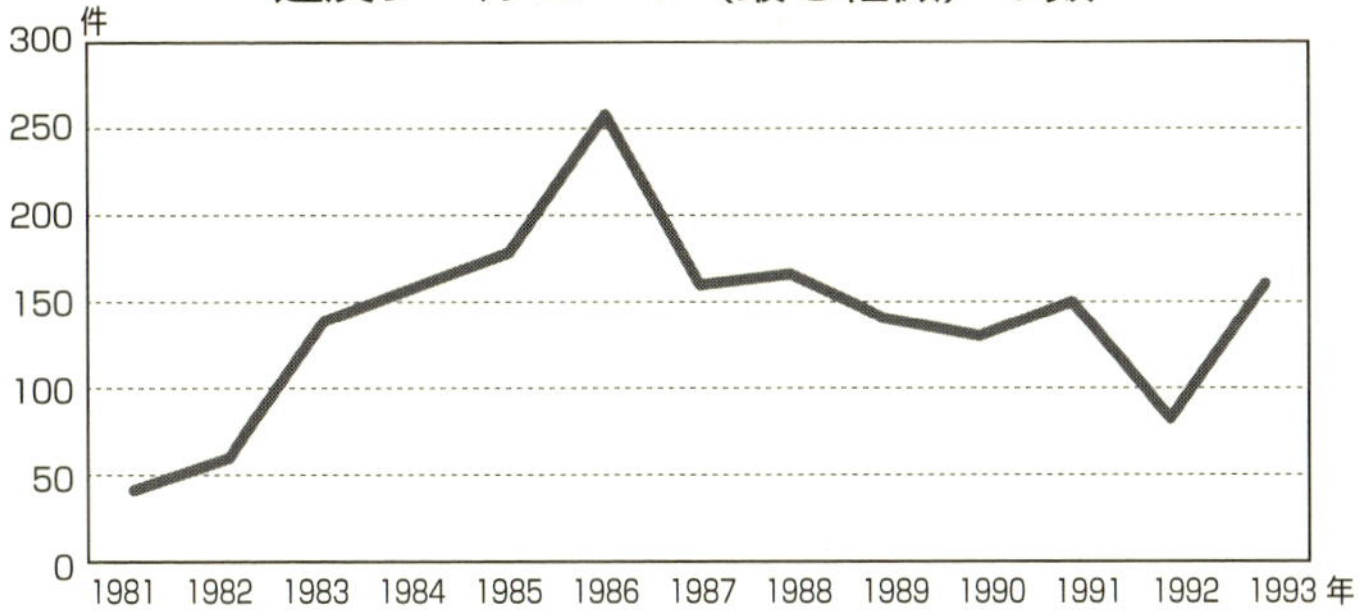

《発電所ごとのSALPスコアと検査に要した時間》

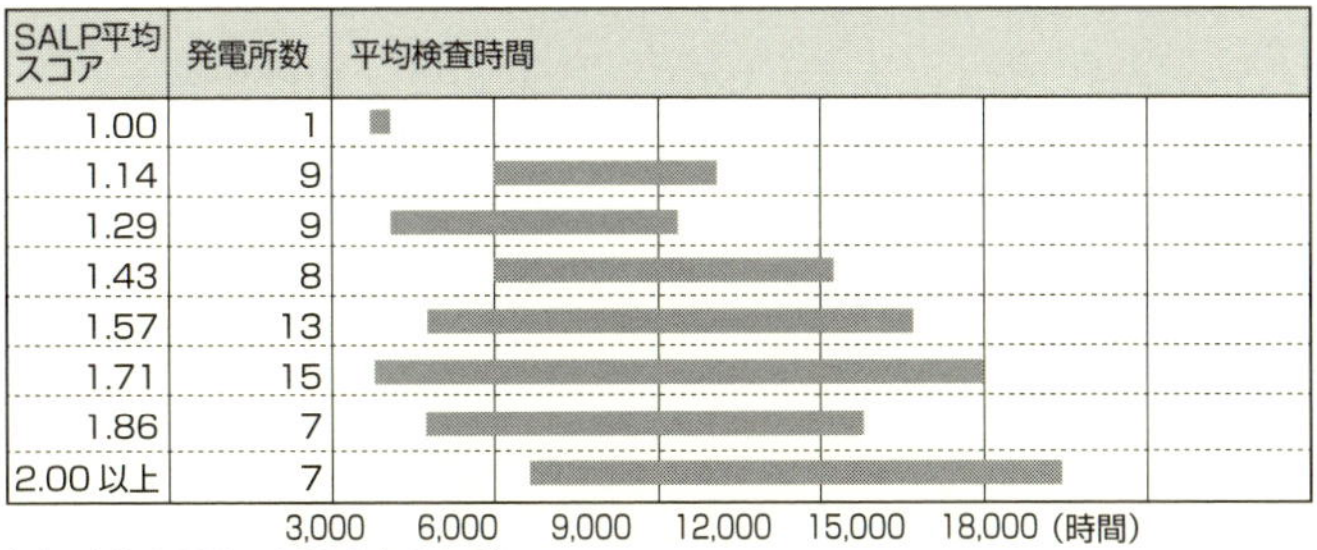

（データは 1992～1993 年のもの）

《検査に要した時間に対する事業者の受け止め状況についてのアンケート調査結果》

Q 自分の発電所でかかった検査時間は、過去のSALPに照らし合わせると、納得がいくか否か?

地方局別回答。%は「納得しない」と答えた人の割合。

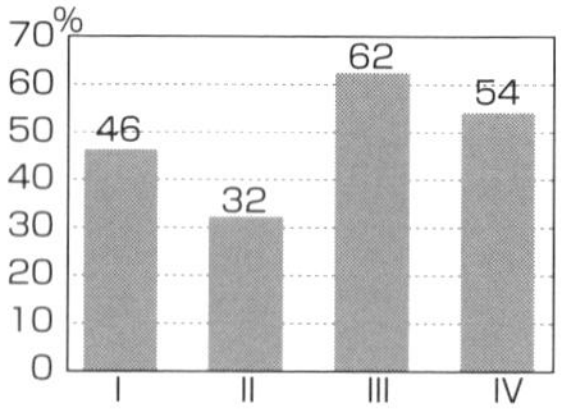

Q 「NRCからの圧力によって、実際には安全性や信頼性を損ねるかもしれない間違えたことやアクションをとることになっていると思うか?

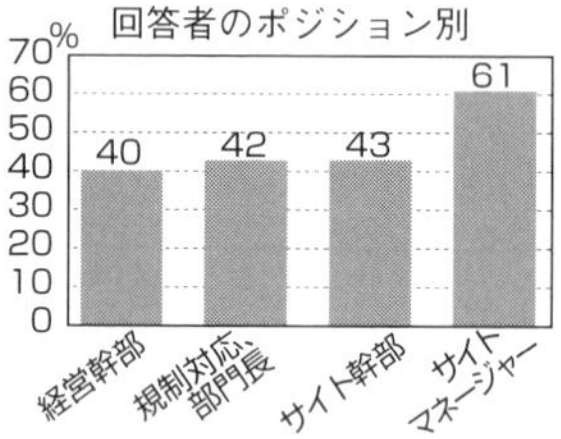

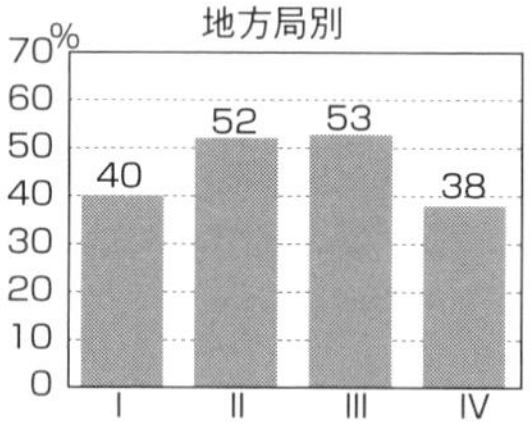

% は問いに対して「そう思う」と答えた人の割合。

Q NRCは、ウォッチリストの目的や基準について電力会社の経営陣にこれまで伝えてきたか?

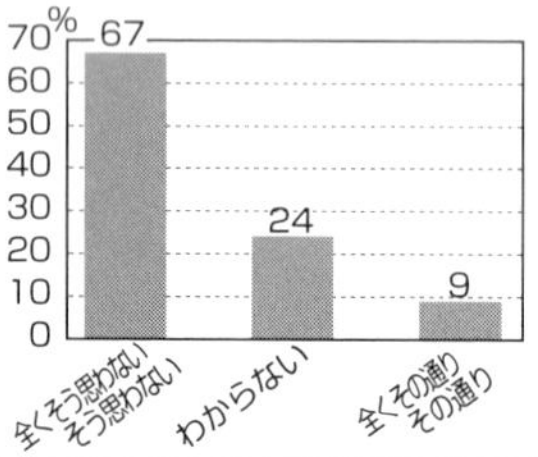

Q あるべき規制対応を超えた規制対応業務に費やされる時間の割合は?

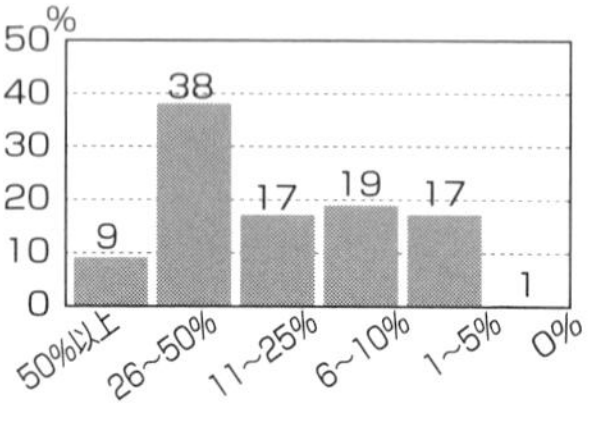

ＬＰスコアが同じ発電所でも、検査に要した時間には開きがある。ＳＡＬＰスコアが高いほど、追加検査による検査時間がかかるはずだが、実際はスコアと検査時間との相関関係はハッキリしていない。

さらに、《検査に要した時間に対する事業者の受け止め状況についてのアンケート》（50ページ参照）を見てみると、検査時間について「納得しない」と半数以上の地方局が答えている。また、「ＮＲＣからの圧力によって、実際には安全性や信頼性を損ねるかもしれない、間違えたことやアクションをとることになったと思う」、と答えた回答も、ほぼ４割を超える結果となっているのである。

タワーズペリンレポートの検証

コンサルティング会社の仕事は、その多くが、クライアントからの依頼によって開始される。タワーズペリン社に調査を依頼したのは、ＮＥＩという業界団体であった。依頼元が業界団体である場合、レポート内容に委託元のバイアスがかかるものなのか。レポートで述べられるようにＮＲＣの規制プロセスは、本当に事業者の自主的な取り組みの妨げとなっていたのだろうか。ここでは、「規制する側」自らが実施した調査である「規制影響調査」、そして、規制活動の実態に関するケーススタディを通じて、この問いを考えてみたい。

検証1 NRCが自ら実施した調査「規制影響調査」

当時発行されたNRCのレポートを読み解く。タワーズペリンレポートには、発行の4年前に前振りとなる調査があり、NRCによって実施された。

NRCは、SALP導入の影響調査を実施しようと事業者宛てに協力要請を行った(Generic Letter 90-01)。SALP開始から10年目の1990年1月のことである。NRCによる「規制影響調査」では、検査の頻度、検査対応に費やした時間（職位別）などを事業者にアンケート調査した。

同調査には13の事業者が回答している。53ページに示した文書は、そのうちの1社であるPG&E社の回答状である。回答状の中で、同社のディアブロキャニオン発電所では、管理職が、検査官からの質問・問い合わせなどの検査対応に、年間就業時間の3割以上を費やしていることを明らかにした。同社は回答書にて、「検査と監査に関するデータを提供するからには、NRCにそれらを産業界全体にみられる実態把握

《事業者がNRCにあてた文書（PG&E社の例）》

Pacific Gas and Electric Company
77 Beale Street
San Francisco, CA 94106
415/972-7000
415/973-4684

James D. Shiffer
Senior Vice President and
General Manager
Nuclear Power Generation

February 28, 1990

PG&E Letter No. DCL-90-061

U.S. Nuclear Regulatory Commission
ATTN: Document Control Desk
Washington, D.C. 20555

Re: Docket No. 50-275, OL-DPR-80
Docket No. 50-323, OL-DPR-82
Diablo Canyon Units 1 and 2
Voluntary Participation in NRC Regulatory Impact Survey
(Generic Letter No. 90-01)

Gentlemen:

On September 25, 1989, PG&E participated on a voluntary basis in the NRC's Regulatory Impact Survey. To augment the information obtained from that survey, the NRC issued Generic Letter No. 90-01 on January 18, 1990, requesting that nuclear utilities voluntarily complete a questionnaire regarding the time key plant managers spend in responding to various operational inspections and audits that are imposed on them. PG&E's Regulatory Impact Survey Questionnaire Sheets are enclosed. As indicated on the Questionnaire Sheets, the time and personnel devoted to the activities are approximate. Also, there are other inspections/audits such as the annual emergency exercise that do not appear to fall within the scope of GL 90-01; accordingly, these have not been included in our response. PG&E believes that the inspection and audit data provided herein will enhance the database used to develop survey results that are representative of conditions across the industry.

Kindly acknowledge receipt of this material on the enclosed copy of this letter and return it in the enclosed addressed envelope.

Sincerely,

J. D. Shiffer

cc: A. P. Hodgdon
B. Lee Jr. (NUMARC)
J. B. Martin
M. M. Mendonca
P. P. Narbut
H. Rood
CPUC
Diablo Distribution

Enclosure

3073S/0079K/DWO/2232

9003090166 900228
PDR ADOCK 05000275

NRCの「規制影響調査」へ自主的に協力した旨がつづられている。 PG&E社は、検査と監査に関するデータを提供するからには、NRCにしっかり、産業界全体での実態把握に役立ててほしいと述べている。

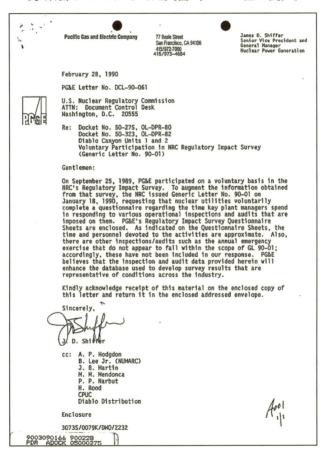

にしっかり役立ててほしい」と述べている。

しかし、その結果はどうであったかと言えば、ＮＥＩ（Nuclear Energy Institute原子力エネルギー協会）によると、ＮＲＣは実態調査を行いながら、問題に対し望ましい効果を上げるには至らなかったという。そうした状況の中で、タワーズペリン社による調査と提言が行われたのであった。

検証2　主観的判断の正当性が問われた事例

中西部イリノイ州に位置するブレードウッド原子力発電所とバイロン原子力発電所は共に第3地方局管轄の加圧水型原子炉（ＰＷＲ）である。ある時、ブレードウッド発電所は、地方局事務所から「蒸気発生器のボルト締めについて、タイムリーな是正処置を行わなかった。同様の問題が同じ第3地方局管轄のバイロン発電所でも起きていたというのに、ブレードウッドがＮＲＣへ報告したのは、バイロンでの出来事から2年後であった」という指摘を受け、10万ドル（約２５００万円）の罰金支払いが命じられた。ＮＲＣ曰く、「（ＮＲＣの措置がなければ）本件がブレードウッドで問題になることはなかったと思う。18ヶ月も前にバイロンでボルティングの計画と調整がな

≪NRCの意思決定を読み解く文書例≫

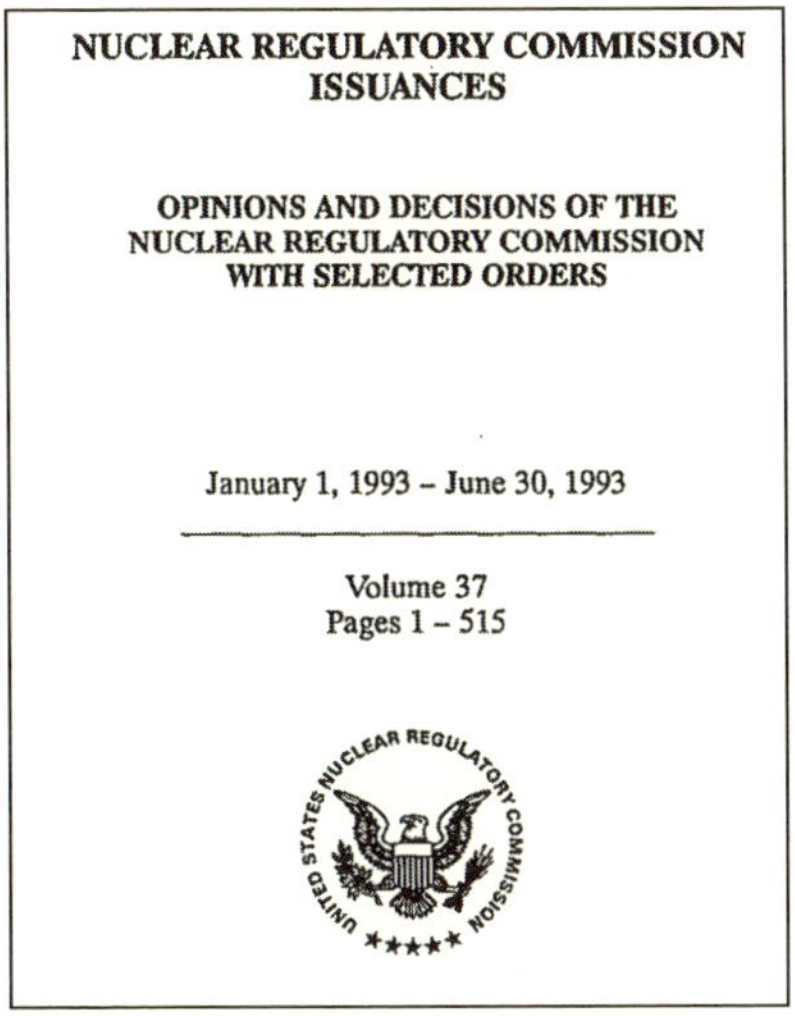
NUCLEAR REGULATORY COMMISSION
ISSUANCES

OPINIONS AND DECISIONS OF THE
NUCLEAR REGULATORY COMMISSION
WITH SELECTED ORDERS

January 1, 1993 – June 30, 1993

Volume 37
Pages 1 – 515

「選ばれた指令に関するNRCの見解及び議論」

NRCは、自らの発令に関わる意思決定や検討の過程を記録化している。写真はSALP当時の記録レポート。記録は半期分だけで500ページを超える。

されている以上、ブレードウッドに適用されるべきだというのがＮＲＣの見解だ」とした。しかし、両発電所を管轄する第３地方局は、ブレードウッド発電所とバイロン発電所の状況が全く同じというわけではないことを把握していた。にもかかわらず、ブレードウッドが即座に取り入れなかったという理由だけで罰したことから、事業者がＮＲＣの判断に異を唱えたのである。

　後日、ＮＲＣ幹部が本件の実態を知るや、今回のことは誤って通達された事案であり、エビデンスに基づくものではないという判断がなされ、罰金は撤回され、第3地方局による1つの「気づき」扱いとなった。

検査は、地方局の検査官と発電所職員との間で行われている。ひとたび問題が起こると、規制当局の対応者がNRC本部となり、事業者も、往々にして発電所から本社へと対応者が変わるが、その際に問題に対する解釈、捉え方も変わることがある。多くの組織において、程度の差はあれ、「情報格差」や情報理解の「解釈格差」が存在する。この格差を認識し、適切に打つ手を施すことができれば、判断のバラツキが解消される。適切な評価方法を欠いた状態で主観的判断にならざるを得なければ、判断者が変わると、判断結果が変わり易くなることは想像に難くない。

一貫性のある評価は理想の姿であるが、その理想の姿をどう実現することができるのか。NRCが数多くの発電所を一貫性をもって評価し、タイムリーに判断するよう変化を遂げるまでの過程をもう少し眺めてみよう。

タワーズペリンレポートの著者を訪ねる

タワーズペリン社のレポートは、どうして作成されたのか。当時、ＮＲＣは「街の中のゴリラ」と陰でささやかれるほど産業界で恐れられる存在であった。そのＮＲＣを敵に回しかねない調査を、タワーズペリン社はなぜ引き受けたのか。全米規模の調査を数ヶ月で行い、ＮＲＣ・産業界・議会に影響を与え、原子力規制改革へと関係者を動かすことになったレポートをまとめる。こうした徹底した仕事ぶりをしたのは一体どのような人物なのか。レポートを読めば読むほど調査のち密さと何者も恐れぬ大胆さが見えてくる。「ＮＲＣからの圧力によって、実際には安全性や信頼性を損ねるかもしれない間違えたことやアクションをとることになっているか？」といったアンケート調査を行い、結果を公にした人物。規制における問題特定にとどまらず、ＮＲＣに対する改革の方向性と実践的な提案を作成した人物。レポートが発行されるや、ＮＲＣからの「呼び出し」に対し、正面きって説明に出向いた人物。私は同じコンサルタントとしてとても興味を覚えた。しかし多くのコンサルティング会社の調査報告書がそうであるように、タワーズペリンレポートには著者名が記載されていなかった。そこで、私は当時の公的文書を片っ端から読み、著者を探し出すことにした。1994年に行われたNRC主催の公聴会議事録に著者の名前を見つけたとき、「ついに見つけ出した」と身震いした。

著者は原子力潜水艦技術とマーケティング戦略が強みのコンサルタント

タワーズペリン社でレポートをまとめたレオナード・ワス氏は、海軍出身のコンサルタントである。大学卒業後は海軍にて原子力潜水艦業務に従事し、また陸に上がってからはシカゴ大学のビジネススクールにて国際経営を学び、コンサルタントとしてのキャリアに進んだ。クレサップ社のコンサルタントになってからはマーケティング戦略・調査分野での業績を上げ、同社がタワーズペリン社に吸収合併された折には、タワーズペリン社のエネルギー部門長となった叩き上げの人物である。「原子力規制のレビュー研究」は、同氏が、コンサルタント数名とともに作成したという。

ワス氏がNRCに提示した資料は、同氏が、NRCに対し、真正面からぶつかりに行っているように見えなくもないが、ワス氏の狙いは、事業者に対するNRCの横暴を明らかにし、一方的にNRCを批判することだったのだろうか。

《ワス氏がNRCを前に述べたこと》

- NRC が実際に行っている規制業務は表向けに言われていることと違っている。
- 一貫性がなく主観的な規制によって、重大かつ望ましくない影響が起きている。
- NRC は適切なマネジメントコントロールを実践しておらず、自らを監督することもない。
- 社会に対し NRC がとっている行動は、健全な規制や市民の信頼に対し、非生産的である。
- 最近の NRC が実践していることは、原子力発電の安全の閾値に対して大した改善になっていない。
- NRC は自分たちのマネジメント問題に取り組んでこなかった。
- NRC による規制アプローチは米国原子力発電に対する重大な脅威となっている。

NRC の公聴会にて、ワス氏が提示した説明資料。NRC 保存資料より。
1994 年 12 月 21 日

この疑問に対する答えを得ようと、ワス氏を探し出し、会うため、私は渡米した。同氏は、何十年も前に手掛けたレポートのことで連絡してきた日本人に驚きつつも、インタビューを承諾してくれた。以下はインタビューを通じた回答である。

「レポートで我々が主張しようとしたのはSALP批判ではない。SALPは規制の問題が顕在化した症状にすぎない。レポートを通じて伝えたかったことは、より深い問題であり、規制が貧弱であることの根本原因を分析したことにある。単にSALPをROPに変更するだけではこの問題は解決しない。ROPは、健全な監督を求める声に応じるためのエビデンスやリスクアセスメントに基づく実行手段であった。

この本当の問題を認識したとき、産業界も規制当局も変わる準備が整っていた。このことが非常に重要である。もし、いずれかが、変化に対し反抗的であったならば、このレポートから何も起こらなかったであろう。新たに就任したNRC委員長は変化の必要性をよく理解していた。レポートは、産業界と規制当局が、自らに問いかけ、協力し、自ら改善しようとするのを後押ししたに過ぎない。

タワーズペリンレポート著者のワス氏へのインタビューは、シカゴの伝統的な社交クラブ、Union League Club of Chicago で行われた。

アメリカ国民が原子力安全という結果を享受できるよう、我々は、レポート作成を通じて、産業界と規制当局双方に有益な変化を導きだせるよう、橋渡ししようとした。」

NRCによる公聴会の後、このレポートはNRCのみならず、国会議員の目に留まることになる。発電所の実態とかけ離れた評価をつけているNRCに対し、議会、市民からの批判が相次ぐ格好となった。翌年の1995年2月にはNRCが産業界とのコミュニケーション方針を打ち出した。事業者がNRCの束縛を受けずにコミュニケーションできるよう、NRCがそのことを配慮する、という姿勢を明文化したのである。

NRCの存続を揺るがしたある事件

こうして、1990年代半ばは、NRCへの批判が相次いだ時期であった。その急先鋒となったのが、議会と第三者である。きっかけとなったのが、タワーズペリンレポート（43ページより）であり、これから述べる「トラブル」、ミルストン発電所の内部告発問題である。

1996年3月4日、国際情報誌である“TIME（タイム）”誌がNRCに関する記事を載せた。「何年も行われ続けてきた危険なゲーム。コストを抑え、稼働し続けようとするあまり日常の規制を放棄すること」というNRCの批判記事であった。

（『原子力の戦士』エリック・プーリー「タイム」1996年3月4日）

ミルストン原子力発電所は、米国北東部のコネチカット州にあり、1960年代に建設開始した発電所である。同発電所には3つの原子炉があり、そのうち1号機は1970年12月に運転開始した。同発電所では、18ヶ月ごとに停止し、燃料を交換しているが、1号機は除熱容量の大きな使用済燃料プール冷却設備を持たない原子炉であるため、プールに移動させるのは炉心に装荷された全燃料集合体の3分の1のみとする条件でNRCからライセンスを取得していた。事の発端は、1人のエンジニアによる内部告発だった。1号機において、発熱量が高いにもかかわらず使用済燃料がすべて一度にプールへ移動されており、このような処理が長年にわたり続けられていたのだ。250時間の冷却期間という要求事項についても守られず、停止後65時間で移動されていた。というのも、これにより、運転の停止期間を短縮することができるからである。しかし、問題をみつけたエンジニアの報告者である上司は問題の存在を否定し、NRCへの報告も拒否した。

そこで、そのエンジニアはNRCに本件を提示した。(「アーネストC.ハドリー法律事務所からNRC運営総局長に宛てた書簡」1995年8月21日付)しかし、NRCの見解は、このような措置は広く行われており、発電所の冷却システムが熱負荷を除去できる設計となっている限り、安全性には問題がない、というものであった。ところが、その後、本件はミルストン1号機だけの問題ではなく、他の3つの州でも同様の燃料プール問題が起きていることが明らかとなった。

また、上司からの仕返しを恐れ、現場職員が安全に関する問題を報告しないという「安全文化が損なわれた職場（chilled work）」の発電所となってしまったこと、NRCが内部告発者の安全を確保しなかったことも問題視された。内部告発者が守られない状況に対し、上院議員が公聴会を開催する事態に及んだ。

「安全文化」とは何か

安全文化の醸成は原子力発電に切っても切りはなせない。安全文化は、「組織と個人が安全を最優先にする姿勢や特性を集約したもの」である。米国の安全文化はこのミルストン事件をターニングポイントに急速に取り組みが強化されていった。ROPでも安全文化は一つの重要な要素になっている。

ミルストンは当時、NRCによって要注意発電所と評価され、より厳しい検査が適用されていた。ミルストンのケースはNRCの厳しい検査によって、安全性がどれだけ改善されるようになったのかを問うケースだともいえる。

NRCの内部監査部署である監査総監室が行った本件に関する調査によれば、地方局の職員は、ミルストン1号機で行われている燃料集合体取り出しの方法を分かっていたという。そして、実際に同発電所でとられていた方法は、最終安全解析報告書（FSAR）に示されていたシナリオではなかった。常駐職員は、燃料交換の定期検査に立ち会っていながら、ノースイースト社が行う燃料集合体取り出しの方法を問題視していなかったことを明らかにした。

TIME誌の記者は記事で次の問いを投げかけている。

「原子力発電所が安全基準に違反していて、連邦レベルの監督役（ウォッチドッグ）が盲目となっているとしたら、国内の発電所はどのように安全でいられるのか？」

本記事によって、NRCに対し市民の目が厳しいものとなり、NRCの改革を促す一つのドライビングフォースとなっていった。

ミルストン発電所における事業者の問題

ミルストン発電所で起きた問題は、規制する側だけの問題ではなく、事業者の問題でもあった。その問題には少なくとも、1.内部告発者に対し不適切な対応を行ったという点でＳＣＷＥ（Safety Conscious Working Environment）と、2.求められる技術要件とそれが記載されたＦＳＡＲ、実際の業務との不一致が起きているという点で、構成管理（Configuration Management）の問題を挙げることができる。

非難され続けたＮＲＣ

ＳＡＬＰ開始以降も、米国原子力発電所では事故が起こり続けた。起因することはそれぞれの発電所によって異なるが、いずれも、事故を予兆し、防げなかった故、事故として発生したものである。１９８０年代～１９９０年代前半は、原子力安全に向けた検査を行おうと、ＮＲＣが独りもがいた時期であった。

原子力安全について、事業者に責任がある場合、原子力規制当局に責任はないのか、公衆に対する説明責任がないのか、と言えば全くそうではない。組織事故研究の第一人者であるジェームズ・リーズンは著書「組織事故」の中でこう述べる。

「世界中の規制機関はジレンマに陥り、そこから抜け出すことは絶望的とすら思える。（中略）規制機関は怠慢による手抜きと相手側との過度の癒着の双方によってたえまなく非難されている。（中略）事故が起こると、規制対象者の運用実態の詳細を把握していなかったこと、さらに事故の重要な寄与要素を見逃していたことについて罪を問われることになる。しかし、彼らがこの情報を得るための唯一の手段は、規制される側からの申告あるいは周期的な検査とそのフォローアップからだけである。事故後、これらの欠如は皮肉なことに一層クローズアップされてくる。」（ジェームズ・リーズン「組織事故」第8章　規制者のつらい定め　1999年　P.243 - P.244）

NRCのミッションである『公衆の衛生と安全確保』に対し、1980年代におけるＮＲＣは役割を果たしているのかどうかが、公衆から疑問視されていた。原子力に最も精通する有数の議員の一人であるドミニチ上院議員は、著書「より明るい明日」（２００４年）において、こう述べている。

「ＮＲＣは認可を受けたプラントに対し、公衆の安全に実際寄与するわけでもない技術的違反を理由に、停止を命じていた。消費者のお金を浪費していたと言ってもいい。１９８０年代、１９９０年代に起きたこれらの現象の罪はＮＲＣにある。この当時のＮＲＣは全く信頼できない規制機関であった。」

また、１９８０年代は、１９８５年の日本航空機墜落事故、１９８６年スペースシャトルチャレンジャー爆発事故など、国内外で他産業を含めて重大な事故が続いた時期でもあった。１９８６年にはチェルノブイリ原子力発電所事故もあった。原子力、航空、宇宙といった巨大複雑システムに対する米国民、メディアの目線は厳しいものであった。産業界からも、「タワーズペリンレポート」のようにＮＲＣの検査が原子力安全パフォーマンスに寄与していないという事実が示されていた。ＮＲＣは、もはや、何か事が起きると脊髄反射的な規制追加で対応する、といったやり方では済まされない、制度の一部を微変更することだけでは米国社会が原子力安全行政を許容しない状況に置かれていた。

4 ROP誕生の外的要因

ＮＲＣの検査制度に対して、事業者の不満と第三者の不信は積もりつつあった。業界的・社会的課題となった検査の見直しとして、ＲＯＰにたどり着いた力学は何だったのか、ＮＲＣはどのようにＲＯＰを誕生させることができたのかについて考察する。

公衆の衛生と安全の確保に関わる人たち

原子力発電において、公衆の衛生と安全を確保できるよう、関係者が取り組むことが極めて重要である。それは、ＩＡＥＡの安全基準に代表される、国際社会での約束事である。複雑なシステムである原子力発電の安全には、多岐にわたる人々が関わっている。原子力発電を行う事業者や産業界に関して言えば、事業者や関連する企業が原子力発電所において安全業務へ直接関わる。事業者側では、事業者同士で互いの安全力を切磋琢磨する活動に取り組む団体（ＩＮＰＯ）や、事業者の求心力や発信力を高めようとする団体（ＮＥＩ）もあれば、事業者が確実に安全確保していることを確認・監督する組織もある。後者を行う行政機関がいわゆる「規制官庁」である。

本書に登場するＮＲＣは、米国における原子力規制機関にあたる。そしてＮＲＣの業務遂行状況を監督・監視する担い手として、ＯＩＧ（Office of Inspector General　監査総監室）や、学者らが参画した諮問機関のＡＣＲＳ（Advisory Committee on Reactor Safeguards　原子炉安全諮問委員会）がある。またＮＲＣの外部では、議会、ＧＡＯ（General Accounting Office　会計検査院）や市民がＮＲＣの活動をチェックしている。ＧＡＯは定期的にＮＲＣの活動評価を行う行政機関である。さらに、規制される側である事業者や業界団体もＮＲＣに対し意見を提示する。

このように、原子力発電の安全には様々な組織と人々が関わっているが、全員が安全を高めようと同じ方向を向いて、取り組み結果を出すようになるのは、そう容易なことではない。

業界団体であるＩＮＰＯ（原子力発電運転協会）はＴＭＩ事故後、自らの役割や目指すことを明文化し、その実現に取り組んでいる。事故から10年後、自らの活動を振

《ケメニー委員会の勧告に対する原子力事業者の取り組みに関する報告書》

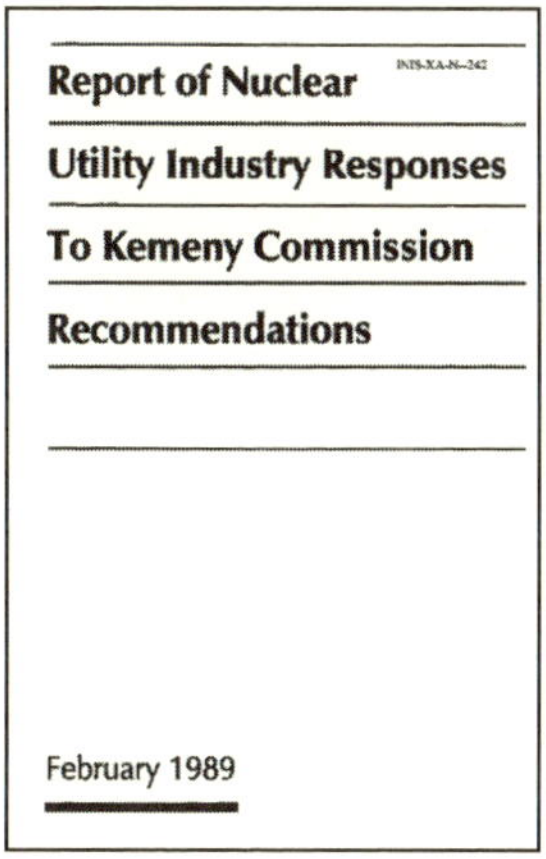
INIS-XA-N--242

Report of Nuclear Utility Industry Responses To Kemeny Commission Recommendations

February 1989

ＴＭＩ事故から 10 年後、INPO がとりまとめた報告書。事故時に設置された大統領委員会から提示された勧告に対し、事業者の取り組みについての振り返りを文書化。報告書をとりまとめたＩＮＰＯは、事故の反省から発足した団体であり、振り返りは自らの存在意義を検証することにもなった。

同報告書での検証項目
- エクセレンススタンダードの設定
- マネジメントの責任
- 発電所運営の振り返りと分析
- 訓練
- 安全に対する姿勢

り返り、大統領委員会であるケメニー委員会からの勧告に対する進展に関する報告書を発行している。

一方、規制側がどうであったかといえば、ＮＲＣも活動原則として「良い規制」を定め、その実現に取り組んでいる。しかしながら、当時の規制改革に携わったＮＲＣ職員によれば、「目指すところは同じだったが、関係者が目先で取り組んでいることは、バラバラで別の方向を見ていた。」という。

《ROP開始前の米国原子力業界の状態》

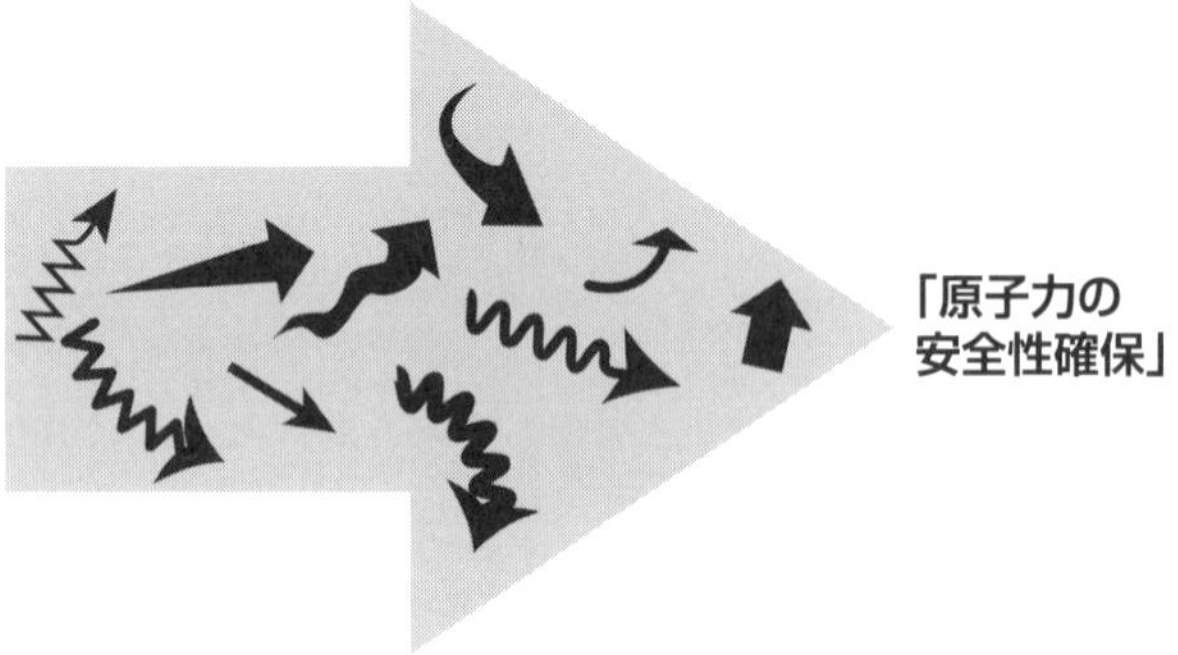

原子力発電の安全に関し、「公衆の衛生と安全を確保する」という方向性は多くの関係者の間で、共通認識化されていたが、そこから一歩詳細に踏み込むと様々な方向を向いていた。

《ＮＲＣの活動原則（良い規制）》

独立性

最高レベルの倫理観と専門性以外の何ものも規制に影響をおよぼすべきではない。ただし、独立性は孤立を意味するものではない。許可取得者及び利害関係のある市民から広く事実や意見を求める必要がある。公共の利益は多岐にわたり、互いに矛盾することもあるが、これを考慮しなければならない。全ての情報を客観的かつ公平に評価した上で最終決定を下し、理由を明記した上で文書化しなければならない。

開放性

原子力規制は市民の課題であり、公的かつ率直に取り扱われなければならない。法に定められているように、規制プロセスを市民に伝え、市民が規制プロセスに参加できる機会を設けなければならない。議会、他の政府機関許可取得者、市民、さらには海外の原子力界と開かれたコミュニケーション・チャネルを維持しなければならない。

効率性

米国の納税者、電気料金を支払っている消費者、許可取得者は皆、規制活動の管理・運営が可能な限り最良の状態であることを求める権利がある。最高の技術力・管理能力が求められ、ＮＲＣは常にこれを目指すものとする。規制能力を評価する手法を確立し、継続的に改善していかなければならない。規制活動は、それにより達成されるリスク低減の度合いに見合ったものであるべきである。有効な選択肢が複数ある場合は、リソースの消費が最小となる選択肢を採るべきである。規制の判断は不必要な遅れが生じないようにすべきである。

明瞭性

規制は、一貫性があり、論理的で、実用的であるべきである。規制とＮＲＣの目標・目的との間には、明示的か黙示的かを問わず明瞭な関係性があるべきである。ＮＲＣの見解は、理解しやすく適用しやすいものであるべきである。

首尾一貫性

規制は、研究及び運転経験から得られるあらゆる知識に基づいて制定されるべきである。リスクを許容可能な低いレベルに抑えるため、系統間相互作用、技術的な不確かさならびに許可取得者及び規制活動の多様性を考慮しなければならない。制定後は信頼性の高い規則として受け止められるべきであり、不当に移行状態にすべきではない。規制活動は常に、文書化されている規制と完全に一致すべきであり、迅速、公正、かつ決然と実施され、原子力の運営及び計画立案プロセスの安定化を促すべきものである。

出典：　NRC Values, NRC ウェブサイト
21世紀政策研究所 研究主幹 澤 昭裕「原子力安全規制の最適化に向けて」(2014年8月)
をもとに筆者一部翻訳修正

《ROP開始時の検査をとりまく主要関係者の相関図》

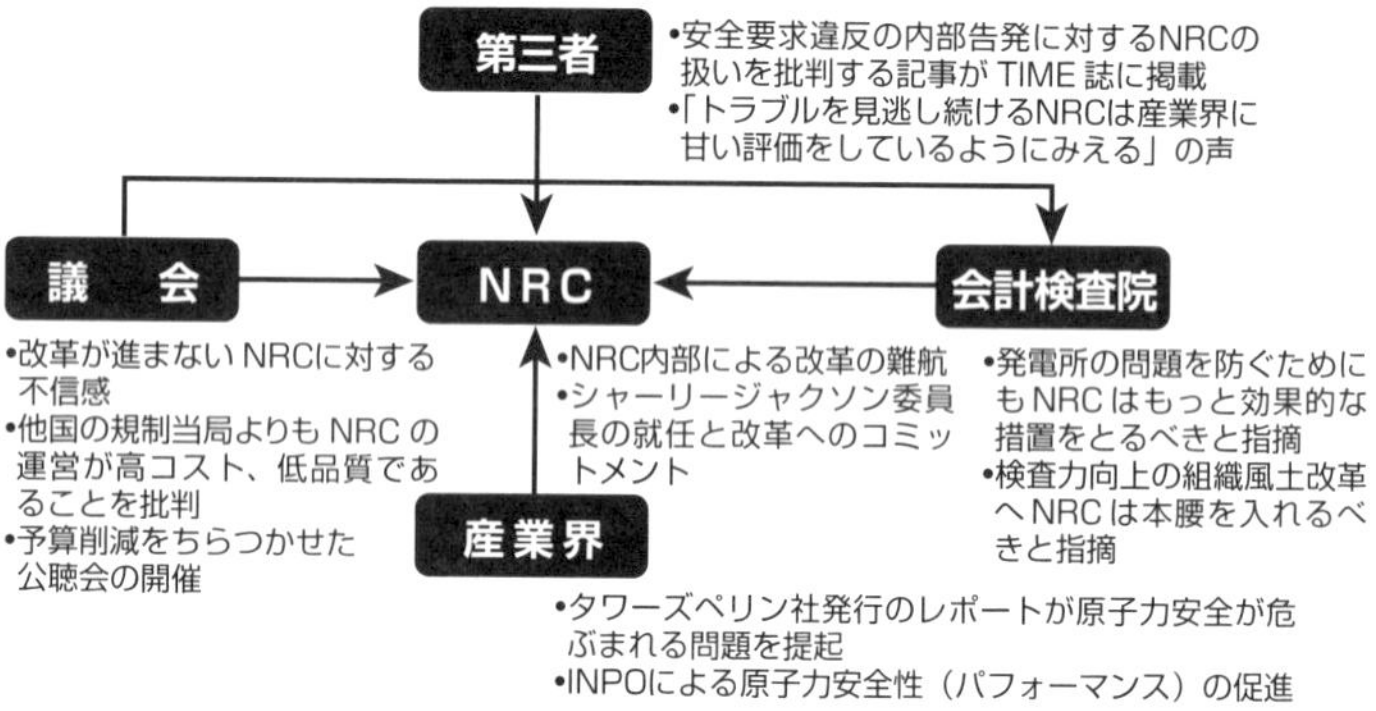

検査制度改革前夜における関係者の相関関係

ここで、いったん、検査制度改革前夜の主要関係者の相関関係を整理してみたい。

ROPはNRCが単独開発したものではない。議会によるオーバーサイト（監督）のもと、産業界と第三者から情報やアイデアを得ながら開発した制度、いわば、NRCが関係者の叡智を結集させた制度である。議会は、オーバーサイトにあたり、GAOからNRCの評価報告をインプットにしながら、NRC、産業界、第三者を招聘した公聴会を開催し、NRCの改革を促した。

ＧＡＯによる調査報告「ＮＲＣの監視によってなぜ事業者のパフォーマンスが改善しないのか」

ＧＡＯは、行政府から独立した政府機関として行政活動の評価を行う検査組織である。活動の大半が連邦議会からの要請に基づくものであるという。(「検査要請と米国会計検査院」東信男『会計検査研究 No.35 2007.3』) ＧＡＯはＮＲＣに対しても定期的に活動評価を行う。主な活動内容は、ＮＲＣが

１　原子力安全をいかに定義しているか
２　原子力発電の安全状態を測り、モニターしているか
３　原子力発電所の安全性確保上、安全状態に関するナレッジを活用しているか

を確認し、必要に応じて勧告することにある。

１９９７年5月、ＧＡＯは、「原子力安全規制　問題あるプラントを発生させないためには、ＮＲＣがより効果的アクションをとる必要がある」と題した報告書を発行した。

その要点は以下の通りである。

発電所の安全性確保のために、設計基準遵守を事業者にしっかり要請すべきである

ＮＲＣは設計通りに発電所を運営できることが安全であるという。しかしそれだけで解決しない安全上の問題もある。ミルストン発電所で起きた問題（61ページ参照）を例にすれば、設計基準通りに発電所が運転されているはずだという事業者の主張を真に受け、実際には設計基準を超えた運転をしている状況に、検査官は気づかなかった。全米の発電所のどの程度が、設計基準で運営されているかどうかについて、ＮＲＣは正確な情報を保有していると確証できない状況である。よって、設計基準を遵守するよう事業者に要請するだけでは解決にならない。

いくつかの発電所が低パフォーマーであることについての解せない点

従来の検査ではパフォーマンスの低い発電所には追加検査が課される。ＮＲＣは、指標が、パフォーマンスの下降を予兆する重要な手立てと考え、4半期ごとに提出される発電所の報告書において指標をチェックしている。指標は、安全パフォーマンス向上をもたらすものと考えられるが、慢性的にパフォーマンスの低い発電所が存在している。１９９７年のＮＲＣのウォッチリストには14の発電所が挙げられているが、

《GAO1997年報告書より》

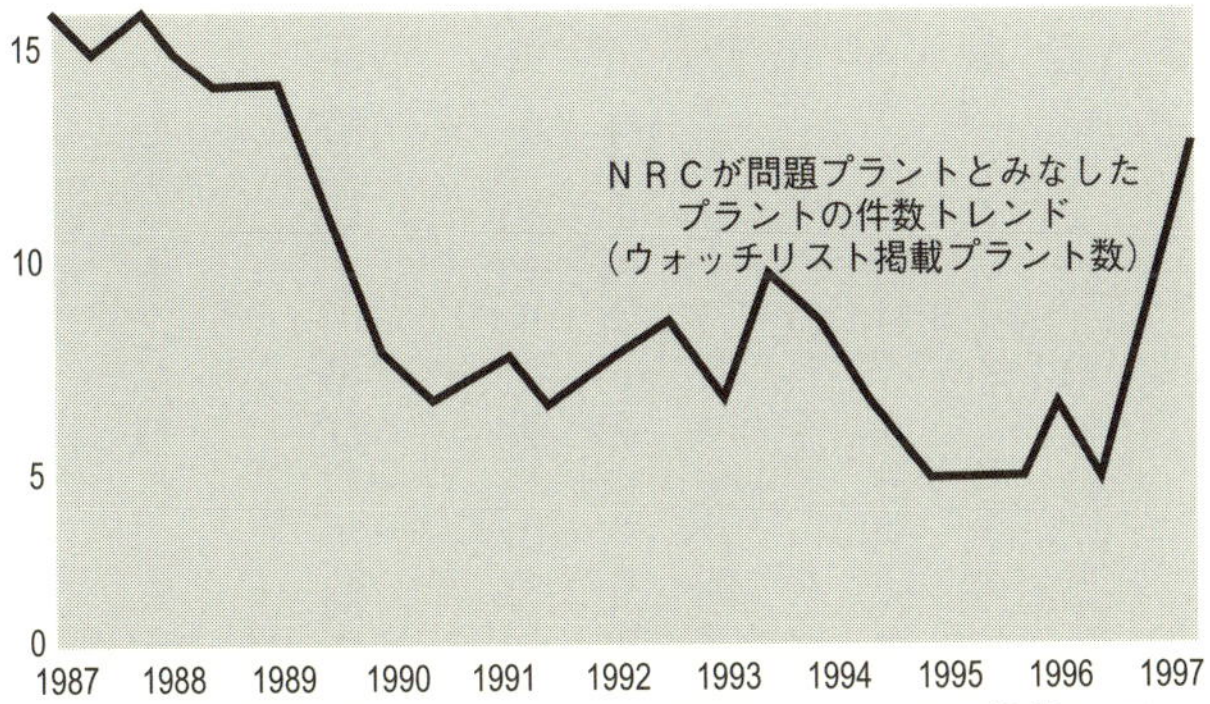

年によって発電所の安全パフォーマンス評価が大きく上下に推移しており、
ＧＡＯがＮＲＣの評価の一貫性を問う１つの目安となった。

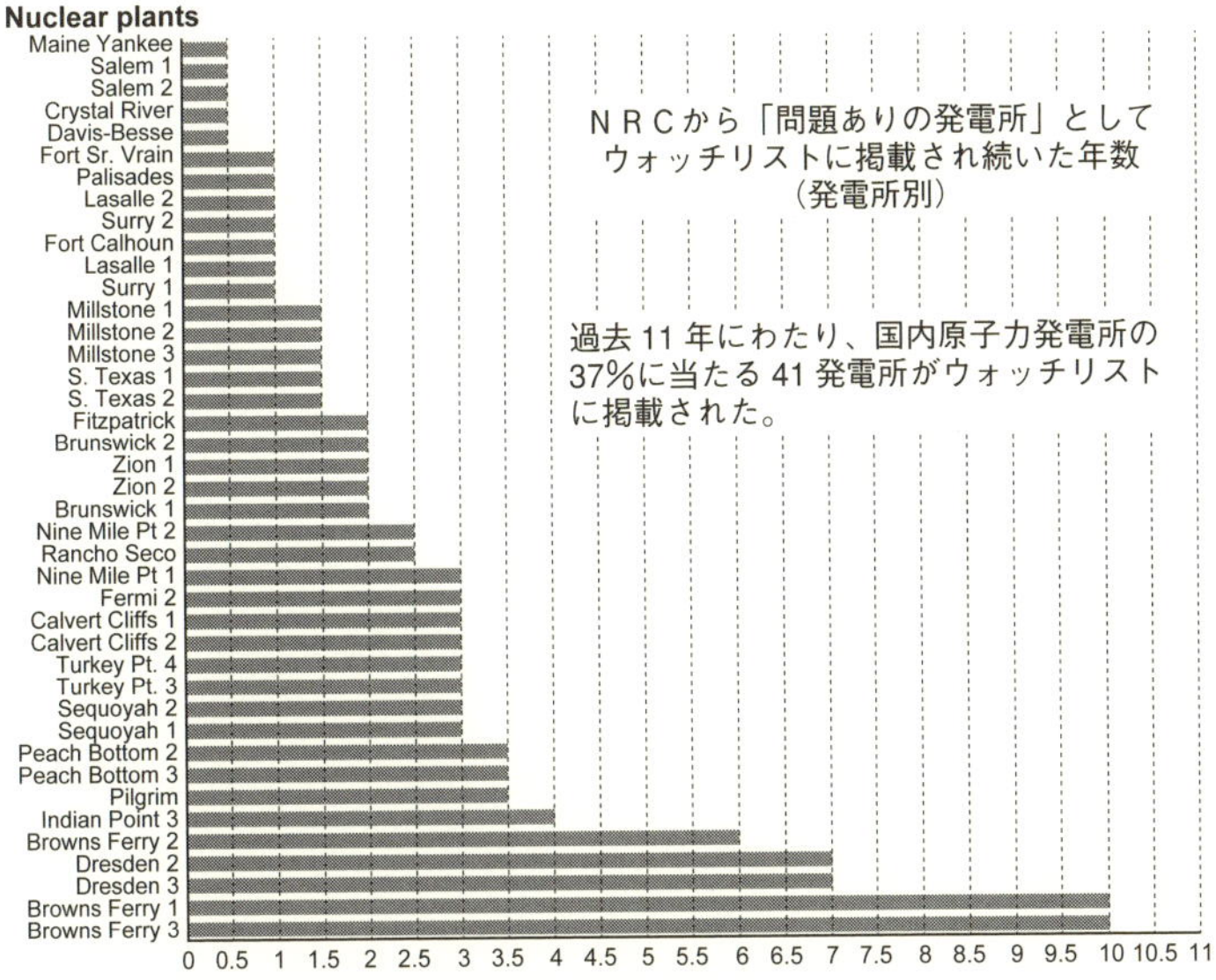

1988年以来、最も多い数値となっている（77ページ参照）。

こうした指摘は、根拠となるデータは違っていても、第3章で取り上げたタワーズペリンレポートと類似している。

議会の監視下におかれたNRCの改革

NRCへの相次ぐ批判の急先鋒となったのが、議会と第三者である。タワーズペリンレポートとGAOの報告を通じ、原子力産業の実態を知った議会は、NRCに対する批判を強めた。民主党出身のクリントン大統領、共和党多数の上院議会というねじれ問題を抱えた政権下で、NRCは前代未聞の批判を浴びることになった。

1998年7月30日開催のNRCに関する公聴会は、NRC改革を取り巻く関係者の縮図ともいえる。5名の上院議員、8名の証言者から構成され、この証言者8名の内訳はNRC、GAO、市民団体、業界団体（NEI、INPO）、投資格付け会社であった。

議会がNRCに望んだことは、できそうなことを、できるスピードで進める改革ではなく、改革をやり遂げることであった。議会は、自らがＮＲＣ改革オーバーサイトを主導することにした。公聴会はそのために必要な場であったのだ。

この公聴会では、政治家からの指摘が相次ぐ格好となった。共通する指摘事項は「許認可に著しい時間を要している」「過剰規制である」といった現状のＮＲＣの規制業務に関するものと、「ＮＲＣ内部の検討が不十分で進展が見られない」といったＮＲＣの改革に対してである。

「原子力施設の安全性を確保する責務を持つ独立機関として、ＮＲＣは原子力発電の重要な役割を担っている。原子力の重要性と厳重な保護と安全性を維持することに対する疑う余地のない要請があるからこそ、私は、原子力発電所が評価される今の方法に深い懸念を抱いている。原子力施設に対する評価が一貫性のある客観的な方法で管理されていないという報告に対し心配している。

評価が客観的基準に基づいていないもので、主観的かつ恣意的な方法であるならば、ＮＲＣの能力は、『安全である、安全ではない』とただ違いを声に発しているだけということになり、問題だ。」（アーカンソー州ティムハチンソン上院

議員）

「産業界は、過剰規制だといい、ＧＡＯや市民団体は今のやり方は十分ではない、という。（中略）原子力産業が効率的に運営しようとするということを認めることと公衆の安全のための手段をとることは矛盾するわけではないという観点から、ＮＲＣの実効性を改善できるよう我々も取り組むべきだ。」（ロードアイランド州上院議員ジョン・シャッフェ上院議員）

「原子力産業の発展を奨励するためには、ＮＲＣを改革しなければならない。今日、ＮＲＣをいかに改革するかについて多く言葉が飛び交っている。『リスクインフォームド』『パフォーマンスベースドの基準』『ステークホルダーからのインプット』『ＰＩ（パフォーマンス指標）』といった言葉だ。問題は、これらの言葉がもう何年も投げかけられていながら、我々は、ＮＲＣで何か本当に変化が起きているのを見たことがないということだ」（オクラホマ州ジム・インホフ上院議員）

「投資家は、ＮＲＣが原子力産業で最大の投資リスクだと捉えています。金融界は、ＮＲＣが一貫性と予見性への責任感を示すようになることを望んでいます。電力自由化の開始により、こうした社会的ニーズが高まる中、自らの監視業務について今一度ＮＲＣは考えるべきです。（中略）数多くの基準と要求事項が混在すると、発電所運営に対する事業者のリソース検討を困難にするだけではなく、金融業界にとって発電所運営のリスク評価さえも困難にします。ＮＲＣによる評価の波及効果は計り知れません。（中略）

安全上ではない事柄でもＮＲＣが要修正だとみなせば、投資家である私達もそのことが重要だととらえ、私達の投資判断に影響を与えてしまいます。ＮＲＣと産業界に取り組んでいただきたいのは、安全上の課題が何であるか、そして重要性が低いものは何かを定義することです。」（スティーブン・フェッター　フィッチレーティングス社社長、ミシガン公益事業委員会前代表兼規制責任者）

「我々（ＩＮＰＯ）とＮＲＣとの関係を明確にしたい。我々は、独立した組織である。しかし、役割の点でＮＲＣと補完関係にある。というのも、公衆の衛生と安全を守ることが両組織にとって共通する重要目的だからだ。しかし、違いもある。我々は、規制要求というベースを越え、原子力発電所の最高水準での運営を推進する団体である。」（ジム・ローズ　INPO会長）

「産業界はNRCが過剰規制だというが、同様に過少規制もある。両方の例が存在するのは、NRCの規制が主観的で一貫性がないからである。発電所が停止すべきか、再稼働してよいのかという決定できるための客観的な基準をNRCは策定すべきである。」（UCS　デイビッド・ローチバム氏）

約3時間にわたる会議を通じ、NRCに対する関係者の不満・不信が溢れ返った。さらに「どうやってNRCに本当の変化が起きるのかが、我々に分かるよう、NRC委員長や他の証言者から話を聞けることを期待している（前出　ジム・インホフ上院議員）」とまで指摘された。NRCには、改革断行を進める以外の選択肢はなかったのである。

エンジニアリングスキルを備えた市民による監視

「独裁制とは異なり、民主主義政府は、国民に奉仕するために存在する。しかし、民主主義国の市民も、彼らを統治する規則や義務を遵守することに同意しなければならない。民主主義国は、国民に多くの自由を与える。その中には、政府に反対し、政府を批判する自由も含まれる。民主主義国における市民には、参加と礼儀正しさ、さらには忍耐さえ求められる。民主主義国の市民は、権利を有するだけでなく義務もあることを自覚している。彼らは、民主主義には時間と努力を費やす必要があることを認識している。人民による政府は、人民による絶え間ない警戒と支持を必要とする。」（国務省国際情報計画局「民主主義の原則－市民の義務」より）

ＮＲＣを厳しい目でみるもう一つの関係者は「市民」である。市民はどうしてＮＲＣを厳しい目で見るのか？　ＴＩＭＥ誌で不祥事が取り上げられたからなのか？　それとも、そもそもＮＲＣ発足時から厳しい目で見続けてきたのか。そもそも市民が厳しい目で見ているのはＮＲＣだけなのか？　究極的には、その理由は市民の数だけあっても不思議はない。原子力発電所が自分の住む地域にある、原子力発電の電気を使っている、電力に関心がある・気になる、原子力発電や電力全般関わる仕事や活動をしているなど、さまざまな理由やきっかけが考えれる。それらに共通項があるとすれば、原子力発電が「公衆の衛生と安全の確保」を実現しているかどうか、そのためのチェックが働いているかどうかが、市民にとって重要なことだからであろう。

米国は、各種市民活動が盛んな国である。本書で取り上げるのは、イデオロギー論争に関するアクターではなく、ＮＲＣ、産業界、政府、議会以外でＲＯＰ誕生に重要な役割を果たしている第三者についてである。

その代表例がＵＣＳ（Union of Concerned Scientists　憂慮する科学者同盟）のデイビッド・ローチバム氏である。元々原子力発電所のエンジニアであったローチバム氏がＵＣＳのメンバーになったのはＴＩＭＥ誌にＮＲＣ批判記事が掲載された１９９６年のことである。ローチバム氏は、ＵＣＳにて、米国原子力安全のウォッチドッグを務めており（２０１７年当時同氏インタビューより）、ＮＲＣの安全行政についても数々の提言を出している。ＲＯＰについては、開発当初から関わり、運用後

デイビッド・ローチバム氏
（筆者撮影）

もROPの改善にむけ警鐘を鳴らす。ROP開始から10年後には、同制度を検証したレポート（「NRCのROP 10年間を評価」）を、NRCに提言するなど、原子力安全、ROPにおける第一線の論客であり、エンジニアである。NRCが毎年開催するRIC（Regulatory Information Conference 規制情報会議）のキースピーカーの1人である。NRCのトレーニングセンターで講師をつとめた経験もある。

著者が最初に同氏を知ったのは、同氏の著作物である。ROPを調べる過程で、同氏による数多くの報告書や提言書に出会った。四半世紀にわたり、原子力安全行政を監視し続けるバイタリティと勤勉さ、ぶれない考え方と、著作の多さ、提言時の綿密な裏付け調査、そして報告書には必ずウイットをきかせたタイトルをつけるなどといった点に、非常に興味を覚えたのである。連絡手段を探し、面会を申し入れた。それから1ヶ月を待たずして、同氏が在住する米国南部テネシー州チャタヌーガにてインタビューが実現した。初回インタビューは4時間に及んだ。その後も、数回にわたるインタビューや書簡を取り交わす機会を得た。

開発時から現在までROPの様子を見続け、時には関わってきた人物に会って、話を聞く機会を得たのである。インタビューでは、TMI事故前から今日までの検査制度の変遷について、変化のトリガーとなった出来事や、変化の過程、変化が引き起こした影響について伺った。

同氏は、「ROPは、メンテナンスルールの策定と同じくNRCが成し遂げた偉業である。」と高く評価する。なぜなら、ROPによって、それまでの主観的で一貫性の無い検査制度が、リスクインフォームドの規制へと移ったからだ、と同氏は言う。

「ROPはNRCが原子力安全のためのもっとも評価できる取り組みだ。ROPが原子力安全の推進に役割を果たすようになったのには以下の理由が考えられる。客観性のある評価方法。基準が明確であり、緑・白・黄・赤の4色で評価している点。NRCが産業界と議論しながらROPを開発したこと。多様なステークホルダーが制度設計・運用に参画することで、検査の透明性を高めようと取り組んでいる点。ステークホルダーの意見を聞き、定期的にROPの改善を行って

《市民によるNRCの調査報告書より》

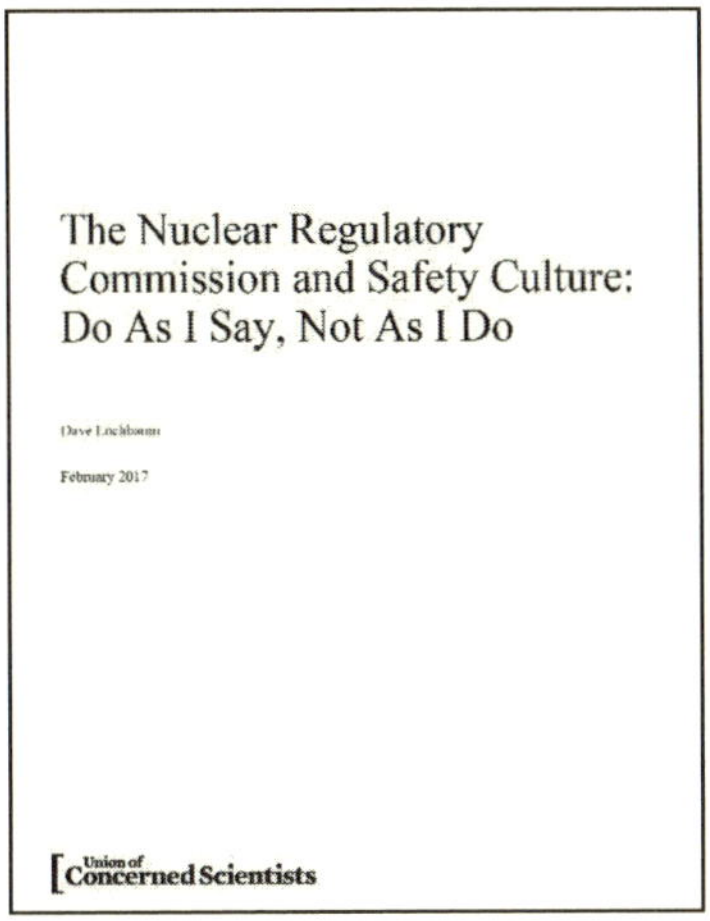
The Nuclear Regulatory Commission and Safety Culture: Do As I Say, Not As I Do

Dave Lochbaum

February 2017

Union of Concerned Scientists

デイビッド・ローチバム著
レポート
「NRCと安全文化：私が言うようにやりなさい、私がしているようにではなく」
（UCS，2017年2月）

このレポートでは、過去20年間における、発電所の安全文化に対するNRCの取り組みと影響が考察されている。その考察を踏まえ、同氏は「安全文化の低い事業者がNRCの指摘によって、是正措置を行ってきたように、NRCも、外部のオーバーサイトを通じ、自らの安全文化を高めるべきだ」とする提言をまとめた。同氏のレポートは、米国のみならず、海外の規制機関職員や研究者、事業者、市民まで、多くの関係者に読まれている。

いる点である。」

ROP開発が始まる前、ローチバム氏は、SALP見直しの必要性を訴えた。

1998年7月30日に行われた公聴会においても同氏は次のように述べている。

「原子力発電所の安全性、そしてアクシデントが起きている間も公衆の保護に必要な安全システムについて、ある程度の確度で分かることができないなら、我々は発電所を運営すべきではない。いくつかのプラントで、安全システムが十分に機能せず運転されてきたことが、近年出された多くの報告書から分かる。そうした発電所のケースでは、公衆を守ったのは、深層防護のおかげであり、なおかつ運がよかったと言わざるを得ない。」

「産業界はＮＲＣにリスクインフォームドの規制へもっと迅速に取り組むことを望んでいるであろう。この10年にわたり、プラント固有のリスクアセスメントを開発してきたことで、多くの発電所オーナーは安全のマージンを増やそうと、自発的に発電所への物理的な変更を促している。（中略）設計、コントロール、コンフィギュレーションマネジメントの問題はリスクインフォームド規制が進展する前にすべての発電所で是正されなければならない。」

当時の原子力産業界は、規制に対する社会的批判が強まっているとはいえ、タワーズペリンレポートが指摘するように、原子力発電事業者は、規制当局からの報復を恐れ、言いたいことをためらう傾向があった。ローチバム氏のような第三者が制度設計に参画することは、制度の健全化を図る意味においても重要であったのかもしれない。

ＧＡＯがＮＲＣを監視する政府機関の例だとすれば、ローチバム氏は第三者として

ＮＲＣを監視する代表例であった。両者に共通するのは、徹底したリサーチに基づく情報発信を行い続けている点である。議会はこれらのリサーチを活用することにより、ＮＲＣをオーバーサイトする役割を果たしている。規制活動に対するオーバーサイトのしくみが形骸化に陥らないよう、関係者も説明責任を果たし続けようと努力する。これらのことは、ＮＲＣの規制活動の改善に対し、第三者が内実ともに役割を果たすための重要なポイントであったのかもしれない。

政府のオーバーサイト(oversight)

オーバーサイトには「ミス」「見落とし」と、「監督」「監視」という大まかに二種類の意味がある。前者は"sightをoverする（視界を越えてしまった）"という語源から、後者は"overにsightする（辺りを視野にいれる）"という語源からきている。ROPで使われるoversightは、後者であり「業務活動の状況を確認し、課題がある場合には業務が確実に正しく行われるように修正を促し、業務活動の健全性を保証すること」として用いられている。発電所に常駐する検査官が、発電所の安全パフォーマンスを確認するという、他産業には見られない原子力発電所ならではの厳しい検査制度であることが、"oversight" という言葉に表現されている。ROPのoversightを日本語にすると、「監視的監督」となろう。

産業界における自主的安全性向上とパフォーマンスの「見える化」

原子力安全パフォーマンスに直接的に取り組んだのは、発電所を保有し、運転する事業者であり、産業界である。その牽引役となったのがＩＮＰＯである。ＩＮＰＯはＴＭＩ事故後に、原子力事故の深刻さから、１社の問題が業界全体に重大な影響を及ぼすことを踏まえ、それまで安全性向上に個社別の検討であったものを、一体となって安全性に取り組む、言い換えれば「互いが人質である」ことにした。

ＩＮＰＯは米国原子力産業界において自主規制としての役割を担う。産業界が目指す状態を「エクセレンス」と名付け、事業者の安全パフォーマンス向上を後押しする。産業界は、パフォーマンス向上という結果を創出しようと努め、この活動を土台に、もう一つの業界団体であるＮＥＩが、政策提言を行う。産業界では、ＩＮＰＯとＮＥＩ、各事業者が中核となり、サプライヤー、大学、学協会、専門研究機関等研究機関の協力を得ながら、パフォーマンス向上に努めてきた。

ＮＲＣにて、発電所の運転データ分析部署（ＡＥＯＤ）の当時の責任者であったリチャード・バレット氏によれば、ＮＲＣは、自らが保有するデータである人的ミスによる重大事象発生件数や、安全機器の機能喪失件数等のデータと、ＩＮＰＯがＮＲＣに提供するＰＩデータを併せることで、発電所のパフォーマンス状況をより多面的にみることができるようになったという。

ここで「エクセレンス」について、もう少し説明を加えておきたい。「エクセレンス」は米国原子力産業界がパフォーマンス向上を目指した取り組みの概念であり、目指す姿の総称である。「エクセレンス」は米国海軍原子力プログラムにおける原子力安全の原理原則であった。米国の産業界は「エクセレンス」に取り組むことで、原子力発電に関する普遍性を有した原則を設定し、原則に基づき活動内容を具体化するようになったという。

「エクセレンス」の主な活動には、「評価」「支援」「教育・訓練プログラム」「運転経験分析」がある。ROPに関わる活動として、PIの設定と展開を挙げることができる。PIは産業界全体および各事業者、各発電所、各号機の安全パフォーマンスを確認する指標群である。INPOはパフォーマンスの目的や基準に関する情報をNRCへ提供するようになるのである。

原子力発電所におけるIT革命

1990年代に広がったIT革命は原子力業界にも押し寄せた。パフォーマンス向上のための、保全業務におけるPDCAの高度化が米国で始まる。データ・業務プロセスを支える各種ITアプリケーションが、米国原子力発電所で使われるようになる。多くの発電所が、それまでの自己流管理を見直し、標準化されたパッケージ型ITアプリケーションを採用した。エンタープライズアセットマネジメント（EAM）はその代表例である。管理すべきパフォーマンス指標（KPI）、設備機器点検、状態に係るデータを用いて、INPOが作成したエクセレンス業界標準業務を適用することにより、米国原子力発電所の高いパフォーマンスの業務基盤を築くことになる。

パフォーマンスの見える化により、１９９０年代の米国原子力発電所のパフォーマンスが改善基調にあることが明らかになったが、その一方でパフォーマンス改善が見られない発電所や、トラブルを繰り返す発電所も依然として存在していた。「ＩＮＰＯが牽引する自主的安全性向上の取り組みに対し、あらゆる発電所が協力的であったわけではなかった」と元ＩＮＰＯ議長のジェイムス・Ｏ・エリス氏は当時を振り返る。（『商業用原子力発電業界の自主規制におけるＩＮＰＯの役割』２０１０年8月25日に開催された議会の公聴会にて）

安全パフォーマンスの低い発電所を把握する手段として、ＮＲＣはウォッチリストを開発したが、同リストが、発電所のパフォーマンスを映し出すものになっていなかったのは前述の通りである。

5 ROP誕生の内的要因

「NRCは内部改革を成功させるべき」という議会からの厳しい注文を背景に、NRCは危急存亡の事態に直面していた。ROPは、そうしたNRCにとって、改革施策の目玉であった。NRCがROP開発をどのように進めたか、その道のりを見てみよう。

NRCに現れた異色の委員長

タワーズペリンレポートを通じ、原子力安全行政の実態が社会に知られるようになってから1年も経たない1995年7月、職員数3000人の巨大行政組織NRCにおいて、これまでにないキャリアとバックグランドを持つ委員長が誕生する。シェリー・アン・ジャクソン委員長である。

シェリー・アン・ジャクソン氏は、公民権法（1963年）が策定されて間もない米国で、最初にMITの物理学博士号を取得したアフリカ系黒人女性としても知られる。民間企業勤務の研究者であったが、その後は『科学とテクノロジー』団体のコミッショナーやエネルギー省関連団体の幹部を務めるなど、学術団体、教育機関、政府機関の組織運営に長けたマネジメントのキャリアを積んだ。INPOのAdvisory Councilメンバー等を経て、ジャクソン氏は1995年、ビル・クリントン大統領の指名により、NRC初のアフリカ系、初の女性委員長に就任した。

ジャクソン委員長は就任当時のことをこう振り返る。

「私がしたかったことは、NRCが健康と安全の確保という最も基本的なミッションを再認識し、規制組織としてのミッションをもっと発揮できるようになることでした。」

委員長就任2ヶ月前、NEIより招聘された「年次総会」にて、ジャクソン委員長は産業界の幹部を前に演説を行った。その演説の中で、NRCが直面する課題は、「廃炉に伴う高レベル／低レベル廃棄物に対するNRCのスタンス」「原子力安全の確保とメンテナンス」「プラントの利用年数延長」「産業界との関係」「リスクインフォームドの規制」であると述べた。

「私が原子力規制委員会での職務を開始するにあたり、これから今後数十年にわたり、NRCと原子力産業の両方に様々な問題が押し迫ってきているのを感じます。産業界との関係について、要求事項が足かせとなり安全という利点を得るための対応に釣り合わないところがないか、私たちは継続して調べる必要があります。そして、原子力発電所の運転とマネジメントという経験を有する産業界は、規制変更すべき具体例が何か、そして、産業界が適切だと考える規制当局の慣行が何であるかを特定できるよう、NRC職員と関わり合いを持たなければなりません。」

リスクインフォームドの規制に関しては、

「純粋に決定論的規制からリスクインフォームドによる規制に移行することで得

られるメリットがあると考えています。リスク方法論の開発に相当な投資をしてきたことを産業界もＮＲＣも分かっています。こうした公的及び私的な投資から、最大限のベネフィットを確保できるようにしたいと思います。成熟したリスク方法論を、一貫性があり、かつ現実性のある形で伝統的な決定論ベースのものと併せ、採用することによって規制を改善することができます。（中略）私は、安全性を正当なものとしないような原子力産業に対する不必要な規制負荷を削減していくつもりです。そして、産業界と第三者の参画はこれらの取り組みに不可欠なものになるでしょう。」（『ＮＥＩ年次総会にあたり』NRC, No. S-95-06, １９９５年５月８日）

ジャクソン委員長は委員長就任前より、産業界から求められていることが何か、そして、ＮＲＣのミッションとして何をすべきか、その検討プロセスに産業界と第三者の参画が不可欠なことを見抜いていた。そうであるとするならば、何をどの作戦で実行するかという戦術段階の検討になるが、その検討を阻むＮＲＣ内外の情勢があった。

業務の生い立ち、改革の必要性と実現性

ＲＯＰ開発は、検査の「制度改革」であると同時に、ＮＲＣ職員にとっては、仕事のやり方が変わる「業務改革」であった。「業務改革」に対する見方は、業務に直接かかわらない外部ステークホルダーと、実際業務を行う実務者とでは、大きく異なる。前者に見えるのは、検査業務全体像という「森」であり、後者に見えるのは個々の業務という「木」であるからだ。そして、個々の業務には、運営年数を重ねるにつれ、かえって、組織の生い立ちがにじみ出てくる。

当時のＮＲＣの場合、勤勉さとそれまでの経験から生まれる懐疑心があった。当時のＮＲＣ職員の多くが事故やトラブルの対応に追われキャリアを積んでいる。個々の発電所トラブルに対する制度運用上の対応もあれば、ＳＡＬＰ開発、ウォッチリストの導入といった、大掛かりな制度の見直し対応もあった。負への対応経験を積み重ねた集団にとって、事業者の良好な変化を直視し、自らの業務を変えることは、たやすいことでなかった。たとえ、業務の見直しという改革の必要性が職員に理解されたとしても、それを実現させられるよう、発電所の検査業務まで、改革プランに落とし込

めることが改革の成功には不可欠であった。

ジャクソン委員長によるＮＲＣ改革が開始し、１年後の１９９６年末には、３人のＮＲＣ幹部が退職している。ジャクソン委員長がいかに卓越した人物であろうと、また、ＮＲＣの問題と社会からの期待事項を把握していたとしても、この巨大組織ＮＲＣを変えることがいかに困難であるか、それは明白であった。

「リスクインフォームド（リスク情報の活用）」とは？　またその背景にあるもの

従来の規制は、「決定論的規制」と呼ばれる考えにたつことが主流であった。この「決定論的規制」とは、「原子力施設で起き得る様々な事象の中から安全上より厳しい状態になるいくつかの代表事象を選定し、これらの各事象が起きたと想定して保守的な手法で事象の進展解析を行い、すべての解析結果があらかじめ用意した判断基準を満たせば、施設全体として十分安全であると判断するものである。」（参考情報　「原子力原子力発電所の安全規制における『リスク情報』活用の基本ガイドライン」　原子力安全・保安院）。この決定論的な考え方に加え、「深層防護、安全裕度などの考慮要素や、確率論的手法を用いた定量的評価結果などの情報を総合的に活用することを『リスク情報の活用』という。規制におけるリスク情報の活用には、一般に規制当局が自らのイニシアティブで、原子力施設全般についての規制、特に基準類の見直しや検査のあり方を検討するために利用される」（参考情報　原子力規制委員会　更田豊志「規制におけるリスク情報の活用」平成27年、原子力規制庁　金子修一「新たな検査制度の実運用への取り組み」平成31年）。

ＮＲＣがリスクインフォームドの活用に乗り出したのには、政策的な背景があった。１９９３年、ビル・クリントン大統領が「政府業績成果法（ＧＰＲＡ）」に署名し、政府の各機関に対し、ミッション・ステートメントや長期戦略計画、年間実績目標に加え、その目標に向けた進捗を計測する測定方法の説明も提出するよう求めたのだ。ＮＲＣは１９９５年に、ＰＲＡのポリシー声明を発行し、ＧＰＲＡへの対応としても、リスクインフォームドでパフォーマンスベースドの規制を推進していく状況に置かれたのである（ＮＲＣ「ＮＲＣのリスクインフォームド規制プログラムの歴史」を参照）。

《ＲＯＰ誕生までの制度検討の経緯》

年	月	出来事
1996	6	ＳＡＬＰ関連の統合化計画策定開始
1996	11	個別発電所の評価に対する改善検討の開始
	12	ＳＡＬＰの８つの改善事項に対する半年間の検討開始
	12	アーサーアンダーセン社による検査プロセスの分析結果がまとまる
1997	1	ＳＡＬＰの業務プロセス統合について半年間の検討を開始
	2	規制委員会が評価時のエンジニアリングジャッジ方針を伝達
	3	規制委員会が客観性ある基準設定を行うよう本庁に伝達
	7	規制委員会がリスクアセスメント手法の積極的活用を承認
	9	ＩＲＡＰ(改革チーム）のキックオフミーティングが開催
	10	パフォーマンスベースドの検査ガイダンスが発行される
	11	ＮＥＩとＵＣＳが公聴会にてＳＡＬＰに対する懸念を表明
1998	6	ＩＲＡＰの決定論型改善案に対し、委員会が懸念を表明
	7	ＮＥＩがＮＲＣにＰＩを活用したオーバーサイト案を提出
	7	委員会がオーバーサイトプロセス見直しを一本化する方針を出す
	9	委員会がＳＡＬＰ廃止を決定
	9	ＮＲＣがパブリックワークショップ開催。産業界、第三者が共同検討。リスク分析、ＰＩ活用、検査、アセスメント方法等を議論
1999	1	ROP 案を発行 (SECY99-007)
	3	試運用案の提示。各地方２サイト ×6 か月間（地方局Ｉのみ３サイト）
	5	試運用開始
	12	試運用評価委員会の設定
2000	1	試運用時の教訓についてＮＲＣ内外のステークホルダーと検討
	3	試運用時の教訓に関する報告書を発行
	4	**ROP開始**

《ＮＲＣ事務局長から規制委員への提出文書》

The Commissioners

August 21, 1997 SECY-97-192

FOR: The Commissioners

FROM: L. Joseph Callan /s/
Executive Director for Operations

SUBJECT: PEER REVIEW OF THE ARTHUR ANDERSEN METHODOLOGY AND USE OF TRENDING LETTERS

PURPOSE:

The purpose of this Commission Paper is to respond to staff requirements memorandum (SRM) M970129A, dated February 14, 1997, in which the Commission requested the staff to conduct a detailed peer review of the Arthur Andersen methodology, compare the results of the application of that methodology to the results of the last senior management meeting (SMM), evaluate and describe the reasons for any differences, and to address whether the Arthur Andersen methodology is more appropriate at the screening meetings or the SMMs themselves.

In addition, this paper responds to a separate request in SRM M970129A that the staff consider the advisability of reissuing adverse trend letters at each SMM for which they are left in effect, as well as, issuing trending letters between SMMs (or some other defined evaluation interval) in warranted situations. The Commission asked that the staff provide the results of its evaluation and provide any recommended changes for approval.

BACKGROUND ON THE ARTHUR ANDERSEN METHODOLOGY:

In an SRM dated June 28, 1996, the Commission directed the staff to assess the SMM process and evaluate the development of indicators that can provide bases

SMMに対し、アーサーアンダーセン社が行ったレビュー―結果について改善すべきであると指摘された。（1997年8月21日）

改革チームの活躍

NRCでは、レビュー・アセスメント業務を統合する動きが開始した。これがIRAP（Integrated Review Assessment Processes　以下改革チームと表記）である。開始当初は、検討内容を示す名称だった改革チームだが、1997年より、業務プロセス改革の推進チームとしてあらためて発足することになる。

改革チームは、セクショナリズムを排した画期的な体制が組まれた。メンバーは、本庁と全米地方局かの職員から構成され、検査に関する制度設計を行う部署、制度の実行部署、検査の支援部署から、副部長・課長級メンバーがアサインされた。

改革チームはSMM（シニア　マネジメント　ミーティング）の問題点を明らかにしようと、コンサルティング会社のアーサー・アンダーセン社に調査を委託した。1997年12月30日に提出された同社の報告書において、アーサー・アンダーセン社はNRCに対し評価プロセスであるSMMを改善すべきであると指摘し、この指摘がジャクソン委員長に報告された。

改革チームは、現行の検査制度の良い点を残しながら、問題への処方を考えた業務改善案として、「新たな統合評価プロセス」を作成した。評価プロセスを見直す理由には次の4点が挙げられた。

1　多くのプロセスが冗長であること
2　複数のプロセスで評価基準が異なること
3　今の評価プロセスのままでは（変えたとしても）一貫性のない状態になる可能性があること
4　SALPの評点やウォッチリストのような評価結果の定義は不明確で、第三者や産業界に十分理解されていないこと

改革チームによる提案

ＮＲＣの改革チームが用意した代案には次のような特徴があった。まず、業務プロセスのシンプル化である。ＳＡＬＰ、ウォッチリスト、ＳＭＭを廃止し、その代わりに検査の過程で特定された課題や、パフォーマンス上の問題をＰＩＭ（Plant Issue Matrix）と呼ばれる枠組みに統合させていくものであった。第2に、統合の結果をグレード分類し、3色（緑、黄色、赤）に表記するというものであった。

改革チームが考案した検査プロセスの見直し案には主に3つの特徴がみられる。第一に、プロセスのシンプル化、見える化である（１０６ページ図参照）。複雑化した検査プロセスに対し、改革チームは業務プロセスの統合を試み、また全体像をシンプルに捉えようと努めている。

第二に、部局の壁、本庁と地方局の壁を越えて、検査業務の一元化を図った点である。本庁の業務と地方局の業務の境界がどこにあり、実際、どのように業務が行われているのかという、現状業務の棚卸を行った形跡もみられる。一般に、肥大化した業務においては、あるべき業務の状態と実態とのギャップが至るところに発生する。それゆえ、現状業務調査というのは、非常に労の多い調査である。改革チームは、この調査も手掛けており、それだけみても、ＮＲＣが検査の改善に努めようとしたことを推し測ることができる。

第三に、さらに業務内容の文書化推進である。ＮＲＣは改革と並行して実務者レベルでは、自らの業務を定義し、文書化する取り組みが粛々と行われていた。例えば、1998年には、ＮＲＣの各部署の役割や業務内容を詳細に規定した措置マニュアルと呼ばれる検査の実施マニュアルが発行されている。

ところで、「検査プロセスの見える化」という関係者のみに通用する取り組みによってＮＲＣは、社会が求める変革に応えることになるのだろうか。

ＮＲＣ関係者も当時のことをこのように振り返る。「改革チームには、ＮＲＣ内の様々な部署から人が集められた。そして、あるべき評価プロセスを検討した。しかし、第三者や産業界が持つような規制に対するアイデアは出ず、所詮は同じ穴のムジナでの検討でしかなかった。開始当初の改革チームでの検討に限界があるとすれば、それは内部だけで検討したせいなのだ。」

《NRCの改革チームが考案した検査プロセスの見直し案》

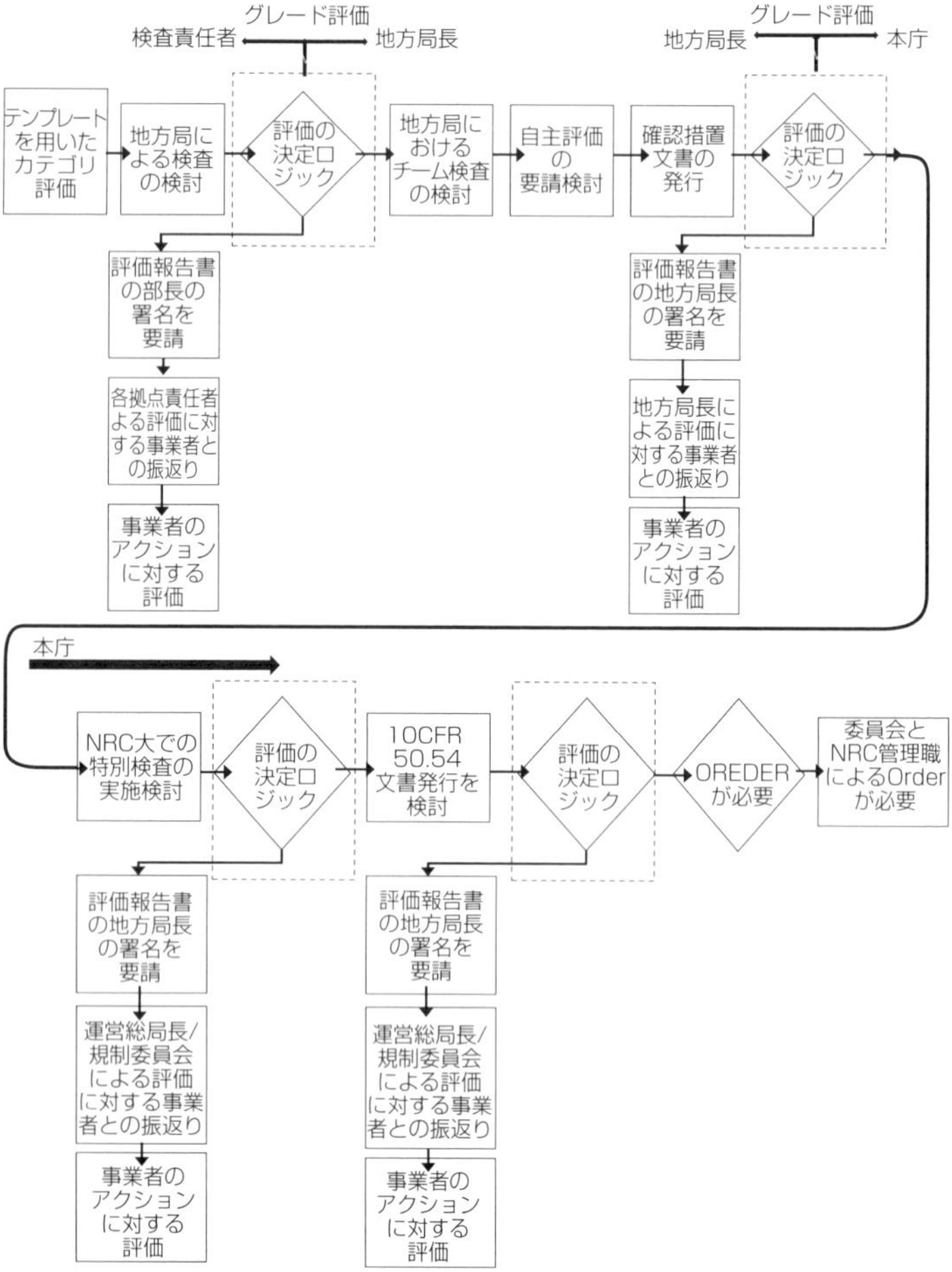

問題があるとされた発電所ほど評価がシビアな状況になる。（NRC 文書「商業炉用NRC のアセスメントプロセスの統合レビューに関する進捗」より抜粋）

≪ＮＲＣのＰＩプロセス案に対する第三者の見解≫

■ 既存のプロセス
　– ＳＡＬＰのレイティングカテゴリは１，２，３
■ ＮＲＣ提案のプロセス
　– 緑、黄色、赤のマトリクス形式のレイティング
　– 問い：米国はこのような大がかりな変更への準備が整っているのか
■ 提案されたプロセスは検査の気づきを採点し、採点結果を色に置き換えるものである
■ このＮＲＣ提案へのＵＣＳの懸念は以下の通り
　– ＮＲＣの幹部は、外的要因に応じ発電所の採点結果を上振れさせたり下振れさせたりできる余地を残したいと思っている
　– 採点制では、いわゆるトレンドに基づき点数を上乗せしかねない
　– 採点制と検査時間を減らそうとするＮＲＣの計画によって、たとえパフォーマンス改善がみられない発電所にも、パフォーマンス結果を保証するかのようである。

David Lochbaum, NRC リージョンⅠでの同氏のプレゼン資料より筆者翻訳抜粋。
1998 年 5 月 , UCS

《改革成功の秘訣は外部の視点》

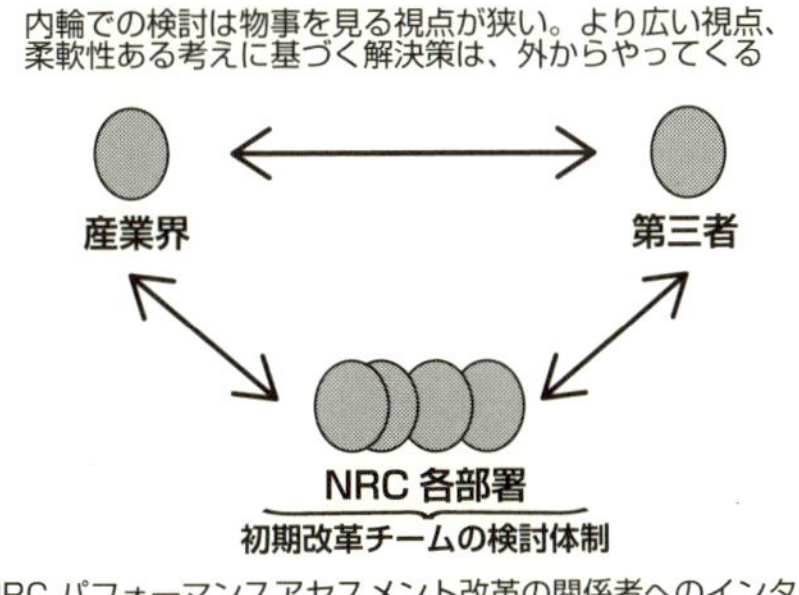

内輪での検討は物事を見る視点が狭い。より広い視点、柔軟性ある考えに基づく解決策は、外からやってくる

NRC パフォーマンスアセスメント改革の関係者へのインタビューにおいて描かれたイメージ図をもとに作成

6 暗中模索期を経た本格的改革への転換

「私たちが安全だということを知るために、それもただ主観的に心理的に、ということではなく、客観的かつ実践的に知るためには、産業界と社会が安全の存在を何らかの方法で証明しなくてはならない。」（エリック・ホルナゲル著　「Safety-I & Safety-II 安全マネジメントの過去と未来」より抜粋。著者訳）

大きな改革には、必ず「夜明け前」の時間がある。ROPへの転換を促したことについて考察したい。

委員長主導による改革の仕切り直し

NRCの改革前夜にあたる、1997年11月、NRCの改革チームは公聴会を開催し、産業界の代表であるNEIと第三者市民の代表であるUCSを招聘した。同ミーティングでは、産業界及び第三者から、現状の検査制度に対する懸念が述べられ、また、新たなアセスメント検討に対するコメントが提示された。

以降半年にわたり、改革チームは、検査制度を見直すべく、ACRSなどNRC内の関係個所から助言を得ようとした。NRC内では現行の検査プロセスの見通し案も検討するが、決め手に欠いていた。そのような中、ジャクソン委員長は、運営総局長に対し、様々な検査を受ける発電所に対して、地域間での一貫性と公平性を保つという観点から、評価プロセスの見直しを考えるよう命じた。つまり、何のための監督プログラムなのかという概念レベルから検討するよう、改革検討の仕切り直しを命じたのだ。

当時のNRCには外部からの強い圧力がかかり、改革の貫徹以外の選択肢はなかった。NRCがついに考案した改革プランは次の内容であった。

1　改革分野を定め、それぞれのゴールを定義する。（リスク情報を活用したパフォーマンスベースドの規制、原子炉の検査、PI、ライセンシング、NRCの組織改編、等）

2　開始時に、密接に関係する改革領域及び施策を定義する。そして、調整の方針も決める。
3　改革の成功は評価プロセス改訂できるかに尽きる。期待される成果は、「効率的かつ実効的な評価プロセス」「リスクインフォームドな検査プログラム」「極力負荷の少ない実行ポリシー」である。
4　施策レベルでのマイルストン、責任者、実施期限を決め、進捗をチェックする。
5　チェンジマネジメントプランを作成し実行する。

新しい規制のオーバーサイトプロセス

ＮＲＣはＳＡＬＰを見直し、代わりの制度を開発しようと、その解決策検討に苦心してきた。議会上院はＮＲＣに対し「成果が見える改革の遂行」を強く求めていた。苦境に立たされていたＮＲＣに、ソリューションを提示したのは、原子力発電所の安全に責任を持つ事業者であった。

ＮＥＩがＮＲＣに「新しい規制のオーバーサイトプロセス」を提案した。提案が行

《NRCのアクションマトリクス》

Action Matrix by Column

Licensee Response (Baseline Inspection)	Regulatory Response (Response at Regional Level)	Degraded Performance (Response at Regional Level)	Multiple/Repetitive Degraded Cornerstone Column (Response at Agency Level)	Unacceptable Performance (Response at Agency Level)
Arkansas Nuclear 1	Grand Gulf 1			
Arkansas Nuclear 2	Peach Bottom 2			
Beaver Valley 1	Peach Bottom 3			
Beaver Valley 2				
Braidwood 1				
Braidwood 2				
Browns Ferry 1				
Browns Ferry 2				

最上段にある項目、左から、事業者による対応（基本検査）、規制機関による対応（地方局レベルの対応）、監視領域の劣化（地方局レベルの対応）、複数／繰り返しの監視領域の劣化（本庁レベルの対応）、許容できないパフォーマンス（本庁レベルの対応）（NRC ウェブサイトより一部抜粋）

われたのは原子力規制改革を議題とする議会上院の公聴会開催直前の1998年7月のことである。NRCが事業者や第三者を招聘した公聴会を開催した。（詳細は119ページ「安全パフォーマンス向上の規制を築くためのラウンドテーブル型議論」参照）提案はこの公聴会で行われた。実はこの提案こそ、その後のROPの柱となるアクションマトリクスが含まれていたのである。

アクションマトリクスは、事業者の安全パフォーマンスに対する検査結果を5分類で一覧化したもので、発電所の検査結果はこの一覧上で示される。発電所の安全パフォーマンスが一目瞭然となる一覧である。

ＮＥＩの提案は、ＮＲＣの検査マニュアルにおいて、次のように紹介されている。ＮＥＩが提示したオーバーサイトプロセスの改善案は、改革チームの提案と根本的に理念が異なっていた。放射性核種の放出に対するバリアを維持し、バリアの課題となりうる事象を最小化し、システムの機能が意図する形で働くよう、事業者のパフォーマンスと関連付いたアプローチであった。このパフォーマンスをまず高次のレベルで評価する。閾値のある客観的指標を用いて、事業者対応の領域、規制対応の領域、そして許容できないパフォーマンスの領域という具合に領域を分ける。（後にアクションマトリクス1～5カラムに該当）。

ＮＥＩの提案が当時どれだけ画期的であったかについては、同案がＮＲＣ９９―００７「原子炉監督プロセス改善に関する勧告」をはじめ、ＲＯＰ開発に関するＮＲＣの文書や会議資料で言及されたことから推察できる。

NEIの提案『新たな規制のオーバーサイトプロセス』とは

新たな規制のオーバーサイトプロセスは、規制産業としての原子力発電に対する業界が自らの目標を設定し、それを実現する上での問題意識を明らかにし、あるべきオーバーサイトプロセスを明示したものである。

次の6つの内容から構成される。①規制産業としての原子力発電に対する自らの目標 ②産業界の問題意識 ③パフォーマンスに応じた領域の考え方 ④規制のアクションモデル ⑤パフォーマンス指標案 ⑥規制のオーバーサイトモデル

1つ1つ詳しく見て行くことにする。

①規制産業としての原子力発電に関する自らの目標

・規制当局が第三者、議会、産業界からみて信頼される規制当局であること
・中立的な信頼関係のある規制プロセス　(反目しない関係)
・一貫性があり、予見性があり安定した規制プロセス
・産業界の自主的改善を規制当局に十分知ってもらうこと

・NRC／産業界の役割を明確に定義していること（共通のゴールは安全）

②産業界の問題意識

・ルールの数や規制のアクションが増えている
・適切なルールメイキングプロセスをふまない規制アクションがある
・専門家や助言団体からの助言を適切に活用していない（ACRS、NCRP／米国放射線防護審議会、UL／米国保険業者安全試験所など）
・許容できる規制基準は、ルールの遵守を超え、変化するターゲットになっている
・多くのアクションのもとになっているのが、職員および検査官の意見や解釈である
・公報や共通書簡が誤用されている
・NRCのアクションや要求は、マネジメント、人、費用に対し、実際起きている影響に対し、あまり注意を払わず行われている
・本庁と地方局との間で一貫性がないまま検査活動が増えている
・NRCは事業者の経営問題や決定にも口をはさむ
・産業界が変化を求めても、NRCは応じようとしない

③ パフォーマンスに応じた領域

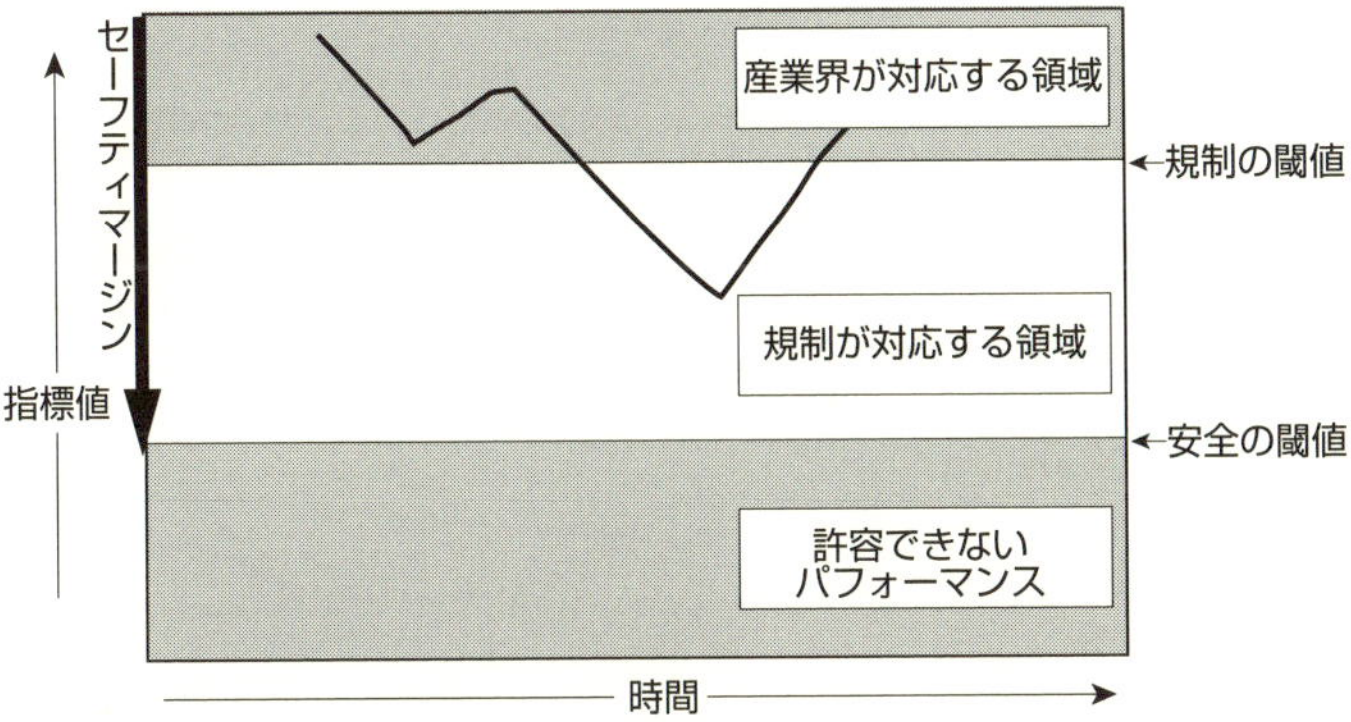

ＮＥＩの提案では、指標値を用いて、安全パフォーマンスを「許容できないパフォーマンス」「ＮＲＣがアクションをとる領域」「産業界がアクションをとる領域」で整理する考え方が示された。

④規制のアクションモデル

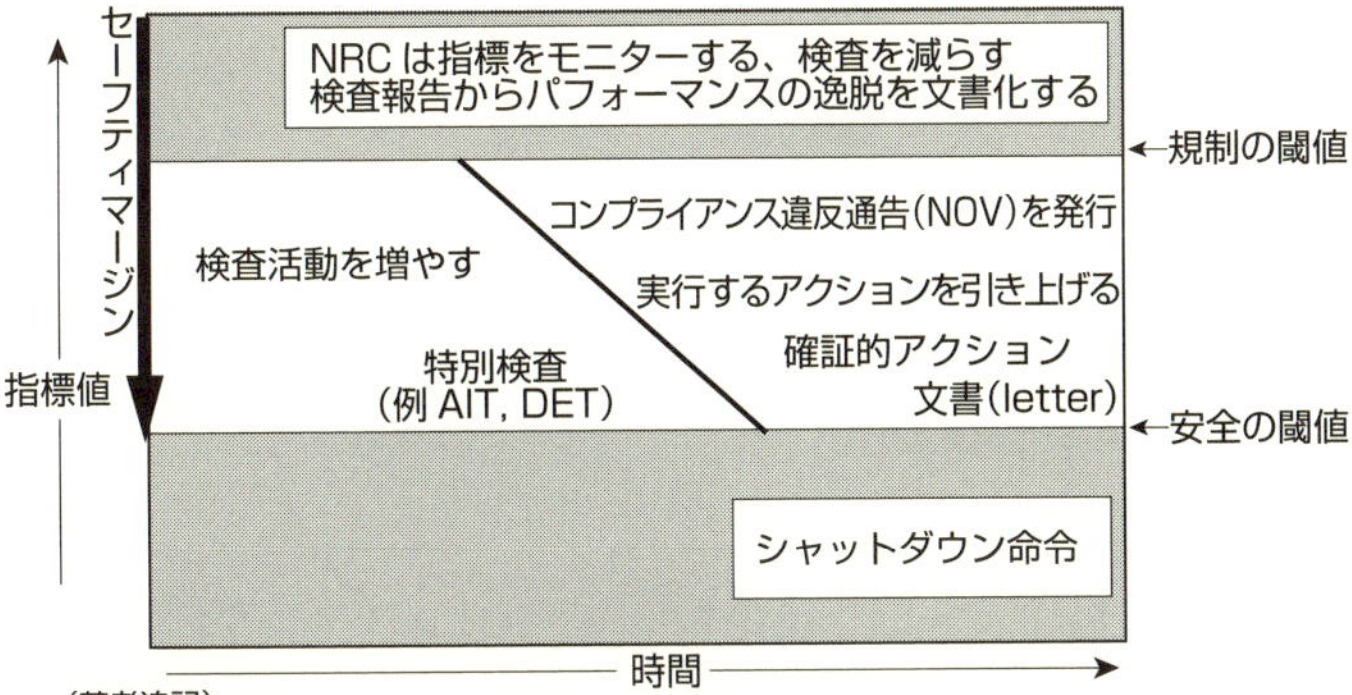

(著者追記)
AIT: Augmented Inspection Team　NOV: Notice of Violation(違反通告)
DET: Diagnostic Evaluation Team
上記二つは NRC の特別検査実施チーム

さらに、各領域においてＮＲＣがとるべきアクションが、図示された。

⑤パフォーマンス指標

レベル	期待されるパフォーマンス	安全パフォーマンス指標			
Level I 公衆衛生と安全	バリアの健全性	原子炉冷却材中放射性物質濃度	原子炉冷却系バウンダリー	放射性物質閉じ込め機能の健全性	
Level II 安全のマージン	運転上の問題	原子炉緊急停止の回数	安全システムの作動	運転停止操作裕度	運転過度>15%
	緩和能力	メンテナンスルール リスク重要度 SSC パフォーマンス			
Level III 包括的なプラントのパフォーマンス	プラントパフォーマンスのトレンド				

ＮＥＩ提案の特徴は、安全パフォーマンスを「公衆衛生と安全」「安全のマージン」「包括的な発電所のパフォーマンス」の３つに分類したことである。各分類を評価するものとして、安全パフォーマンス指標が用意された。

⑥規制のオーバーサイトモデル

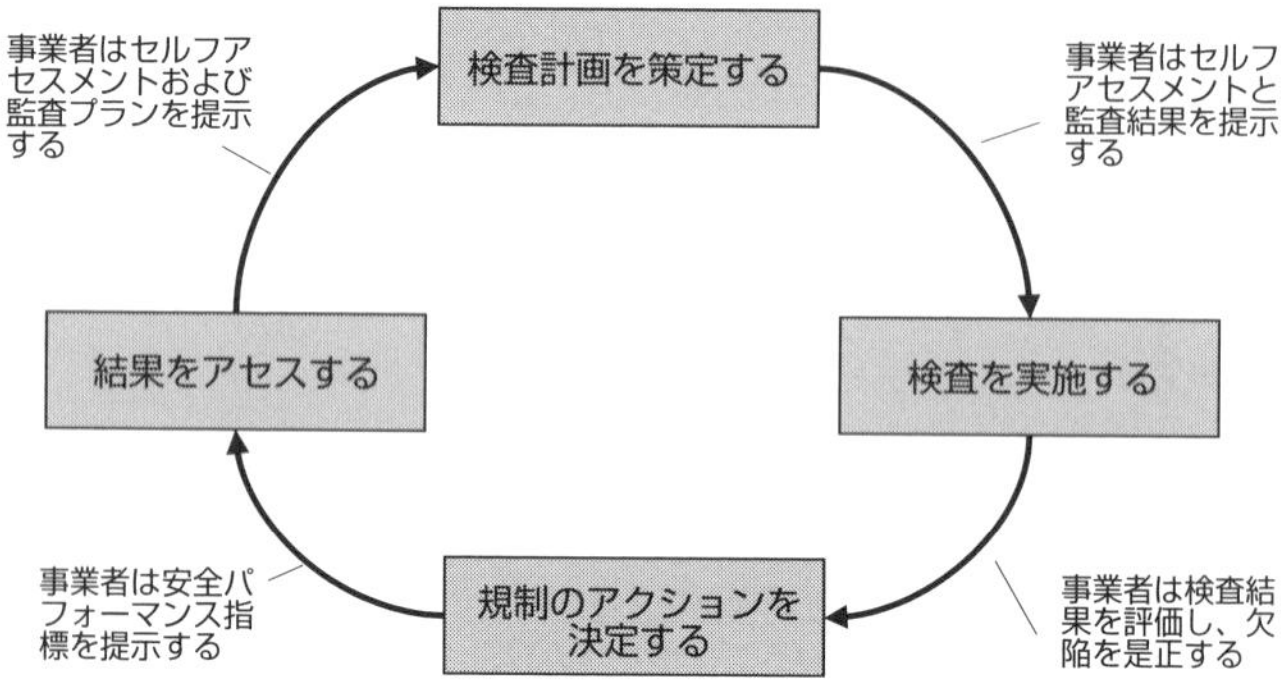

パフォーマンス指標を活用した検査活動案は、明快なＰＤＣＡ型で提示された。

NEIオーバーサイトプロセスの特徴

ＮＥＩのこうしたオーバーサイトプロセスの提案は、ＮＲＣ内部での規制見直しに関する検討や、産業界によるこれまでの申し入れとも大きく異なっていた。その特徴は、以下の通りである。

1 ビックピクチャーであるべき姿を提案

ＮＲＣとの関係において、産業界は、それまでも、特定の課題に対する個々の提案を行っていた。しかし、今回のＮＥＩ提案は、原子力安全パフォーマンスを提案の柱に据えた、全体を俯瞰したものであった。ＮＥＩの当時の代表ジョー・コルヴィン氏によれば、産業界の問題意識をＮＲＣに提示してきたが、若干の変化があっただけで、本当に必要な変化が起こらなかったため、規制環境を前進させるために、本当に必要な変化を自ら描くことにした、という。

2 力関係を乗り越えた提案

「産業界の問題意識」にて述べられるように、産業界は、NRCの規制活動に対し問題意識、もっと言えば不信感を抱いていた。NRCが適切なルールメイキングプロセスをふまない規制アクションをとったり、そのアクションも職員や検査官の意見や解釈に基づいて行われていることが、規制活動の重要な要素である一貫性や予見性を欠いたものであったためだ。健全な関係とは言い難い両者の関係を乗り越え、安全パフォーマンスの観点から検査制度を立て直すことを、産業界は重視した。

3 事業者の自主性をそがない提案

産業界は、ROP開発のはるか前から自主的に発電所の安全性を向上しようと取り組んでいた。制度の見直しにより、高い安全パフォーマンスを上げている優良事業者を淘汰したり、発電所の安全パフォーマンスを脅かしたりといったことにならないよう、対策を講じる必要があった。NEIの提案は、規制活動が、自主的安全性向上を脅かさず、一方で、安全パフォーマンスが良好でない発電所を厳しく監督するというコンセプトを具現化したものであった。

4 安全マネジメントのノウハウをいかした提案

ＮＥＩは、オーバーサイトに安全パフォーマンス指標を用いることを提案した。実は、この安全パフォーマンス指標は、安全な発電所運営に不可欠なものとして産業界が関連機関の協力のもと体系化したものである。日々のオペレーションを改善しつつ、指標を用いて組織の方向性をチェックすることは、事業を営み続ける上で不可欠の能力である。事業者が集まったＮＥＩはこの能力を活用することで、指標を体系化し、あるべき業務プロセスを提示した。ＰＤＣＡ型業務プロセスを設計し、業務プロセスにおける事業者の役割を明確にすることで、実効的な検査体制を提示したと言える。

安全パフォーマンス向上の規制を築くためのラウンドテーブル型議論

１９９８年7月17日、ＮＲＣ本部のあるロックビルにて、「ステークホルダーの懸念に関する公聴会」と題する会議が、ジャクソン委員長を議長に開催された。会議には、オーバーサイトプログラムに係るＮＲＣ内関連部署の責任者、産業界団体、原子力事業者数社、ＮＲＣ外部の助言機関が参加した。同会議において何人かの参加者が、資料を用いたプレゼンを行った。NEIのジョー・コルヴィン氏による「新しい規制のオーバーサイトプロセス」提案もその1つであった。プレゼンに続いて行われた活発な議論を紐解くことで見えてきたのは、参加者が立場の違いがありながらも、原子力安全に一層資するために何を成すべきかを、協働検討し始める姿である。

議論は、制度の方向性に関するものから、制度の移行における重要成功要因、運用上の懸念まで広範にわたった。ACRSの元議長であるフォレスト・レミック氏

《公聴会参加者》

議　　長	シャーリー アン ジャクソン委員長

参加者 一覧

ニルス J ディアズ エドワード マックガフィガン	NRC 委員
レオナード カラン	NRC 運営総局長（NRC 運営総責任者）
サミュエル コリンズ	NRC NRR ディレクター（原子炉の原子力規制に関する責任者）
カレン D シーア	NRC ジェネラルカウンシル
ジョン C ホイル	NRC 秘書官
フォレスト レミック	コンサルタント、元 ACRS 議長
ジョー コルヴィン	NEI 最高執行責任者
ザック ペイト	WANO 議長、前 INPO 議長
ハロルド レイ	サザンエディソン社、副社長（NEI 内規制関連 WG に関与）
アール ナイ	テキサス ユーティリティ カンパニー社長、NEI 会長
コルビン マクネイル	ペコ エナジーカンパニー社長
デイビッド A ローチバム	UCS

NRC 主催「ステークホルダーの懸念に関する公聴会」出席者一覧

は、「ＮＥＩ案を検討するにしても、目指す目的を明確にすべきだ。関係者が結集して目的や目的への到達状況を確認できるよう指標を設定すべきだ」と述べている。以下、参加者の声を挙げてみよう。

産業界の声 「現場検査官に役立つガイダンスが必要」

ＮＲＣの公聴会の出席者であるサザンエディソン社のハロルド・レイ氏は、自社での経験から、パフォーマンスアセスメントにおいて、現場検査官にとって役立つロバストなガイダンスが必要だと言う。

「１９９７年１月以降、サンオノフレ発電所では、手順に関する21件の違反が引用通知された。これは、１９９７年１月以降起きた全30件の違反のうち、９件だけが手順の不遵守以外のことだったわけである。また、引用されなかったものが、全部で37件あった。そのうち、22件が手順関連で、15件は手順以外だった。つまり、多くのものが手順の不遵守に関するものであった。

（中略）私は、規制環境にあって、時間もエネルギーも生産的に活用できていないと感じている。先の手順に関する違反件数21件のうち３件は、安全上の重要性があるもので、6件はそうではなく、4件はポテンシャルがあり、8件は、規制的な懸念と呼ばれる何かである。

なぜ私はここでこのようなことを細部にわたり話しているのか。これらのことは、私たちが非常に多くの時間と関心を費やしていることを示しているからだ。我々もNRCも手順違反を無視できない。我々の仕事は手順に従うことが重要なのだ。（中略）ガイダンスに役立つことを1つ申し上げると、重要なことに人々を集中させることであろう。我々は手続き遵守に関する複雑なルールを試行し、作成することとできるが、それでは、決して満足のいくものにはならない。（それよりも、）私が考えているのは、我々皆が達成したいと思っている結果を生み出すことだ。それは、これまで私が社員と共にやってきたことであり、そのことと、あなた方が毎日やっていることとは、安全という点で繋がっている。だからこそ安全をベースに守らなければならない。私たちが理解できるものを開発することに時間と努力を向けるべきで、単にルール違反だということだけではなく、安全に直結しているかどうかをもとに判断ができるようなることが求められている。そのことを私は申し上げたい。」

第三者の声　「検査の適時性と一貫した基準を軽視してはいけない」

同会議に出席した、ＵＣＳのデイビッド・ローチバム氏はＮＲＣに対し「基準をコロコロ変えるべきではない」と指摘する。

「検査の追加措置における最大の問題は、ＮＲＣの見解次第で発電所のパフォーマンスの分類化や事前の評価設定が行われてしまうことだ。もし発電所が良好だと見られれば、その発電所はよい評価を受け、よい追加措置がとられ、よいパフォーマンスアセスメントとなる。もしＮＲＣがその発電所を規制上悩ましい分類に置けば、すべてのことがそのレールから外れ、一夜にして、別の分類に進むステップ変更となる。実際Ｄ・Ｃ・クック発電所の検査を例にすると（中略）１９９７年9月までの2年にわたり、この発電所で発行された検査報告書をみると、違反を含んだ報告書は全報告書の半分もなかった。１９９０年以来どの検査報告書にも1つないし複数の違反があったのにだ。発電所のステータスが一夜にして変わらない、とすれば、ＮＲＣのこの発電所に対する認識が変わっただけだとしか言いようがない。（中略）基準は変わるべきではない。問題があったのが以前のことならば、以前は問題があったと報告されるべきだ。そして今、もしそれらがもう問題でないなら、今の問題として報告されるべきではない」

検査実施責任者の声 **「本当に重要なことへ事業者も規制当局も注力する」**

ＮＲＣは、現状のオーバーサイトに対し産業界や第三者から提示された見解や提案をどのように受け止めたのか。原子炉向けガイド策定および検査実施の総責任者であるサミュエル・コリンズ原子炉規制室長は、次の見解を示した。

「本当に重要なことへ事業者も規制当局も注力するという共通の理念に私は反対しない。ＵＣＳのデイビッド・ローチバム氏が指摘するように、いかなる指標も相互に同意される必要がある。我々は、結果をもとに取り組むのであって、今、やられているプロセスでありがちな、ただ情報をみるだけ、ということではない。」

ＮＲＣ元アドバイザリーの声 **「目指す目的を関係者の検討を通じ明確にすべき」**

長年ＡＣＲＳ議長を務めたフォレスト・レミック氏は、検査の重要性を強調した上で、安全の観点からあまりに些末で、検査の対象と思われないことが、実際に検査で見られており、1つ1つは些細な出来事でも積み重ねられること自体がマネジメントの弱さであることを指摘した。同氏は具体例として、ある検査報告書において、ライセンシーが廃液放出量の計算に、コンピューターを使わず計算機を使っていることが指摘されていたことを紹介した。そして、アセスメントプロセスの見直し方法として、NEI案を検討するにしても、「目指す目的を明確にすることから検討すべき」であり、かつ、関係者が結集して目的や目的への到達状況を確認するための指標を検討すべきであることを述べた。

NRC全業務とりまとめ者の声「検討の成果を得るにはNRC職員の変革が不可欠」

運営総局長であったレオナード・カラン氏は、良好で十分な基準が必要であることは認めつつも、本当に実行できるのか、という点について率直に懸念を表明する。

「それは組織文化の変革、職員の行動変容を必然的に伴うものである。その変革の過程においてとても多くのやるべきことがある。変化が起きなければ、我々がここで議論しているような画期的な改善を起こせないのではないかと思う。」

産業界の声「先行するリスクインフォームド規制の横展開」

ＮＥＩによる「新しい規制のオーバーサイトプロセス」の提案にはもう１つ着目すべきことがある。それは、メンテナンスルールの活用である。産業界が活用したリスクインフォームド規制として、メンテナンスルールという先行事例が存在しているから、その手法をオーバーサイトプロセスの検討においても活用してはどうかということをＮＥＩは提示している。ＮＥＩのコルヴィン氏はこのように述べている。

「リスクインフォームドでパフォーマンスベースドの規制の中身をどう詰めていくかについて、我々には優れた事例がある。（中略）最初に取り掛かることは、包括的に、つまりハイレベルでのプロセスについて共通認識をもつことである。」

「メンテナンスルールにはリスクインフォームドのセクションがある。基本的に、我々は、ＰＲＡ、ＰＳＡ、専門家など一番良い方法（ツール）を使いながらプロセスを何度も何度も繰り返し、安全にとって重要なシステム構造やコンポーネントが何であるか、何をマネージする必要があるのかについて、そして、より注意すべきことを定義している。つまり、特定し、モニターし、ゴールや信頼性や入手性を設定するといったことを扱うプロセスがあるということを申し上げたいのです。『リスク情報の活用プラン』を成功させるためには、原子力規制委員会の関与が欠かせません。プランを決定できるのは、委員長しかいません。」

（レイ氏　サザンエディソン社・前述）

こうした多様な立場からの声に対し、ジャクソン委員長は、

「我々はリスクインフォームドの規制や規制のポリシーという点で、メンテナンスルールをこれまで相当議論してきた。（中略）ここにいる方々は今日の議論がラウンドテーブル型の議論であったと感じただろう。（中略）今日のミーティングそのものが、今日我々が議論した内容のエッセンスを形作っていくための1つのチャレンジでもある。特にNRC内のマネジメント問題、NRC活動の適時性、リスクインフォームドの規制に対する洞察、検査に対する調整やプロセス見直しの必要性、サイト対応における規制プロセスの乱用といったことについてだ。さらに言えば、こうした機能的問題を規制監督体系上において、論理的にまとめていく。」

と締めくくった。

同公聴会直後に開催された上院議会の公聴会において、ジャクソン委員長は産業界からの提案について、「ＮＥＩの提案はＮＲＣの原子炉アセスメントプロセスに関する我々の見解を補完し、適合するもの」「すべてのステークホルダーが関わることで出てきた提案」「この種の提案をもって前に進み出る産業界は有益である」と述べた。ＮＲＣ委員会は、オーバーサイトプロセスの見直し検討を一本化するよう方針を出した。事業者提案を活用することにより、ＮＲＣは数々の問題を引き起こしたＳＡＬＰの代わりとなるＲＯＰ開発へと舵を切ることができたのである。そして、１９９８年９月に、ＮＲＣはとうとうＳＡＬＰ廃止を決定した。

7 ROP（原子炉監督プロセス）とは何か

本書の主題であるROP（Reactor Oversight Process　原子炉監督プロセス）とはいったいどういう制度なのかをあらためて紹介する。

ROPの目的と運用

まず、第一にROPは、「原子力発電の利用時における公衆の衛生と安全を守る」ことを目的とした制度である。1章で取り上げたように、この目的は、産業界、第三者を交えた検討を通じて、制度上のより根源的な理念として合意された。検査により、原子力発電所の安全パフォーマンス確保を行うが、NRCは制度の透明性と予見性を高める方法として、リスク情報の活用、産業界や第三者との対話、そして社会に対する情報発信を重んじている。制度開始後20年近くになるが、開始当初の精神を、NRC、産業界そして第三者のそれぞれが受け継ぎ、ROPは運用されている。

《ROPのミッションと構成》

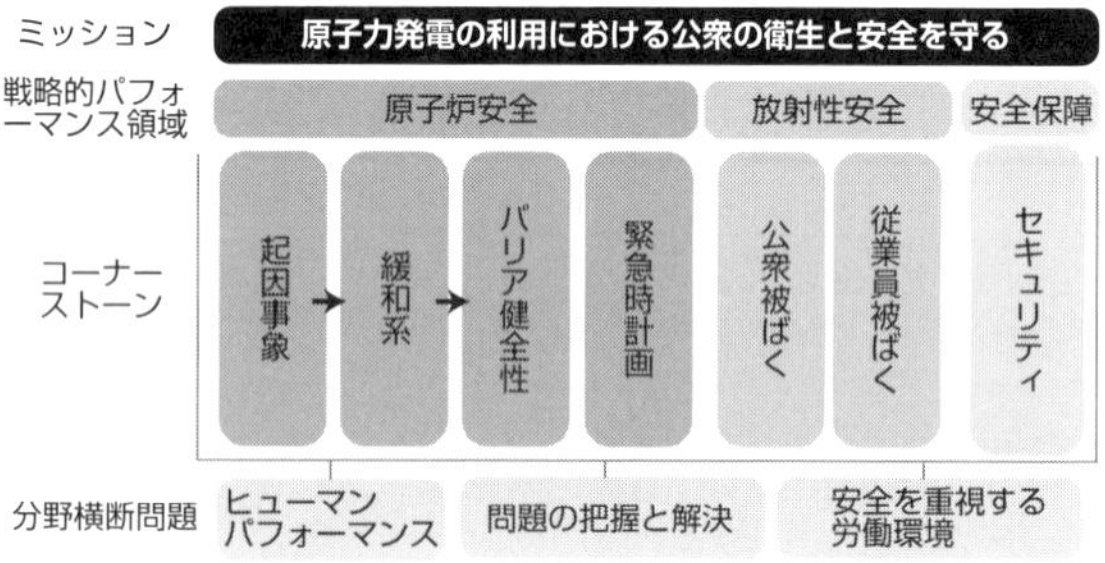

ROPは原子力安全に対する公衆からの信頼獲得が、官産民の検討を通じ、根本的理念となり、実装された米国の検査制度

リスク情報を活用し、安全パフォーマンスが評価される制度

ＲＯＰは、発電所の安全性を継続的に向上させるメカニズムを内包している。その制度的メカニズムは「リスクインフォームド」「パフォーマンスベースド」と呼ばれる。安全、セキュリティを検査・測定した結果を評価し、パフォーマンスの低下を予測し、規制のアクションをとる。予測の方法として、ＮＲＣは、リスク情報を活用する。このことをリスクインフォームド（リスク情報の活用）という。リスク情報の代表的なものに確率論的リスク評価手法（ＰＲＡ）がある。ＰＲＡを用いることで、定量的な評価を充実させることができる。

もう1つの、パフォーマンスベースドとは、オーバーサイトの対象が安全のパフォーマンスであることを意味する。NRCが検査するのは、安全確保のために事業者が採用するそれぞれのやり方ではなく、安全を確保するパフォーマンスであり、トレンドであり、パフォーマンスが低下していないかどうかを確認する予測である。

ROPの構造

ROPの仕組みを具体的に紹介する。「公衆の衛生と安全確保」を目指し、NRCは3つの領域を監督している。これらの領域は戦略的パフォーマンス領域と呼ばれ、「原子炉安全」「放射線安全」「安全保障」を指す。

これらの戦略パフォーマンス領域は「コーナーストーン」と呼ばれる7つの領域に分解され、各領域の目標が設定される。原子炉安全に関するコーナーストーンは、起因事象、緩和系、バリア健全性、緊急時計画である。放射性安全に関するコーナーストーンは公衆被ばく、作業員被ばくである。安全保障に関するコーナーストーンはセキュリティである。

コーナーストーンとは

コーナーストーンは「建物の一部を形成する石」「物事の重要部分や土台」を意味する。物事に取り組む際の要諦という意味で使われることもある。NRCは、ROP以外でも、コーナーストーンを用いている。施設での安全オペレーション上の重要な活動は「安全のコーナーストーン」と呼ばれている。

7つの分野のパフォーマンス結果の評価には、事業者から報告される客観的なPIと、基本検査所見などの各種検査所見が用いられる。検査所見がパフォーマンス欠陥にあたるかどうかという判定は、SDP（Significant Determination Process 重要度決定プロセス）と呼ばれるプロセスにおいて行われる。PIの結果と検査所見のSDPによる重要度評価結果に対し、各発電所の最終的なパフォーマンス評価が行われる（アクションマトリクス）。その結果は安全上の重要度に応じ、「赤・黄・白・緑」の4色を用いて示される。行政措置の程度は、リスクの大きさに対応した客観的な尺度で判断された検査所見やＰＩ、それらの評価の色、数、継続回数をもとに決められる。

安全の劣化傾向を予兆する方法としてＰＲＡ手法が活用されている。コーナーストーンのうち「起因事象」「緩和系」「バリア健全性」では、ΔＣＤＦ（炉心損傷頻度の変動）等のＰＲＡによる評価がベースとなる。ＲＯＰにおけるＰＲＡの使途は多岐にわたる。重要な対象機器設備等をサンプリングする際の活用、規制のＰＩとその閾値の設定時に活用されることで、不確かさを定量化し把握することができる。

ＰＩと並ぶもう一つの柱が、検査官による検査活動である。発電所には、ＮＲＣの検査官が常駐し、事業者の運営を日々オーバーサイトする。この日常検査から得られた情報が評価時のインプットとなる。

ＰＩと発電所での日々のオーバーサイト結果をもとに、発電所の安全パフォーマンスが評価される。一定以上の安全パフォーマンスの低下や欠陥が見られた場合、基本検査に加え、追加検査が入る。評価の結果によっては、強制措置がとられる。発電所の運転が認められないケースも起きる。

ＲＯＰには、このような判断のメカニズムが備えられているがゆえ、安全パフォーマンスの高いプラントは自ら一層高いパフォーマンスを目指す取り組みに注力することができ、安全パフォーマンスの低いプラントは、NRCの追加検査を受け、強制措置のもと、安全パフォーマンスの改善に注力する。

安全パフォーマンスの改善と向上に欠かせない取り組みに、CAP（Corrective Action Program　是正措置プログラム）がある。CAPは、日々の発電所運営における気づきを生かす事業者の取り組みである。現場から上がってくる数多くの気づきに対し、事業者は「パフォーマンス欠陥か」「パフォーマンス目標に影響を与えたか」「安全裕度を低下させたか」などの観点から、判定を行い、とるべき対応を決め、実施する。このCAPの状況を検査官はチェックすることにより、数多くの設備機器と所員から構成される原子力発電所の安全パフォーマンスを確認できるようになる。CAPは、ROPに不可欠な事業者の取り組みだと言えよう。

《ROPの構造》

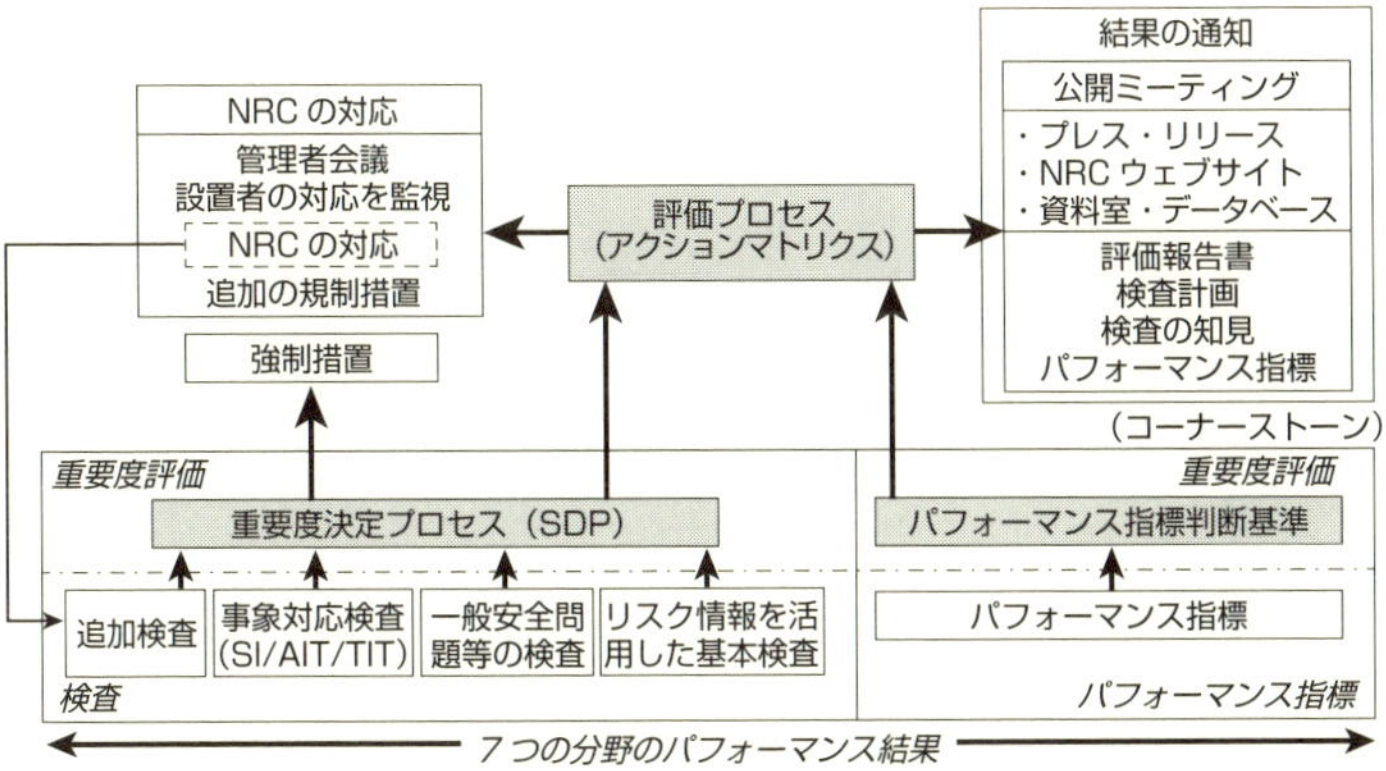

NRA「米国の監視評価の仕組みの変遷」をもとに著者が一部翻訳を加筆

《アクションマトリクスの考え方》

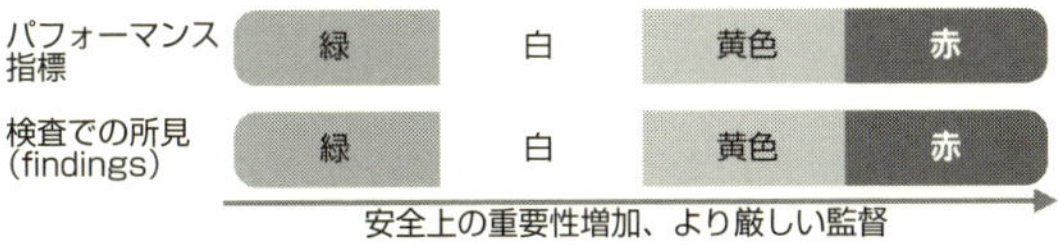

8 ROP開発の過程

「委員長のミッションは変革マネジメントを指揮することだった。」

（シャーリー・ジャクソンNRC元委員長）

「我々がすべきことは、明確だった。それは変革をデザインし、確実に実行することでした。」（フランク・グレスピー　元改革支援チームリーダー　元NRC事務総局長）

「関係者とのコミュニケーションに我々が率先して取り組むことがROP開発において極めて重要でした。」（マイケル・ジョンソン　元NRC改革支援メンバー）

制度の「開発」は、誰かが一方的にリードをとるだけで進むものではない。関係者が検査制度の目指す姿を実現しようと、開発に当たる過程をここでは振り返ってみたい。

「検査制度の理念を創った4日間の公開型検討会」

産業界・第三者との対話改善に乗り出したNRC

１９９８年頃から、ＮＲＣは産業界、第三者を招いた、公聴会の開催を活発化させていく。１１９ページで取り上げた「ステークホルダーの懸念に関する公聴会」は産業界・第三者の考えにＮＲＣが耳を傾けた代表例である。１９９８年3月に委員会が事務総局に対し、対話活動施策の立案を命じた。ジャクソン委員長のみならずＮＲＣの各委員が、ＮＲＣがパブリックコミュニケーションにもっと力を入れるよう、コメントをつけた。これを受け、ＮＲＣは、翌月の4月からコミュニケーションの品質、明瞭さ、信頼性を改善するための各種施策を開始した。１９９８年7月に開催された上院の公聴会において、ジャクソン委員長は「我々は適切で必要な変革を加速化させており、そのために様々な関係者と協働している。」と発言しているが、それはその場しのぎの発言ではなく、ＮＲＣによる変革アクションを伴うものであった。

ところで、一般論として、長年閉ざされた状態にある組織は、方針転換したからといって、即座に外部とコミュニケーションが円滑にできるようになるのだろうか。この点に関し、NRC内外の関係者の見解を手がかりにすることできる。UCSのデイビッド・ローチバム氏によれば、NRC職員は、産業界や第三者が提示した多くの懸念に長年対処しなかった、と言う。この点に関する産業界の見解として、NEI当時のCEOジョー・コルヴィン氏は、「NRCは目先の部分的な改革には積極的であったが、統合されたシステマチックな変革を求める外部の提言には応えてこなかった。」と述べている（1998年の公聴会にて）。

NRCは変革に着手したが、その結果が目に見えた形になるまでには、時間を要することになる。その時間を長引かせず、確実に変革を実現する強い意志と術が必要であった。NRCにできることは、変革の様が目に見えるようになるまでの時間を短縮させるべく施策に取り組むことであった。

ROP誕生に向けた4日間の「コーナーストーン検討ワークショップ」

1998年秋、ROPの開発開始にあたり、方針検討の大規模検討会が、4日間にわたり開催された。ROP誕生に欠かせないインプットがNEIからのPI提案であり、ROP開発プロセスが、「コーナーストーン検討ワークショップ」であった。そ

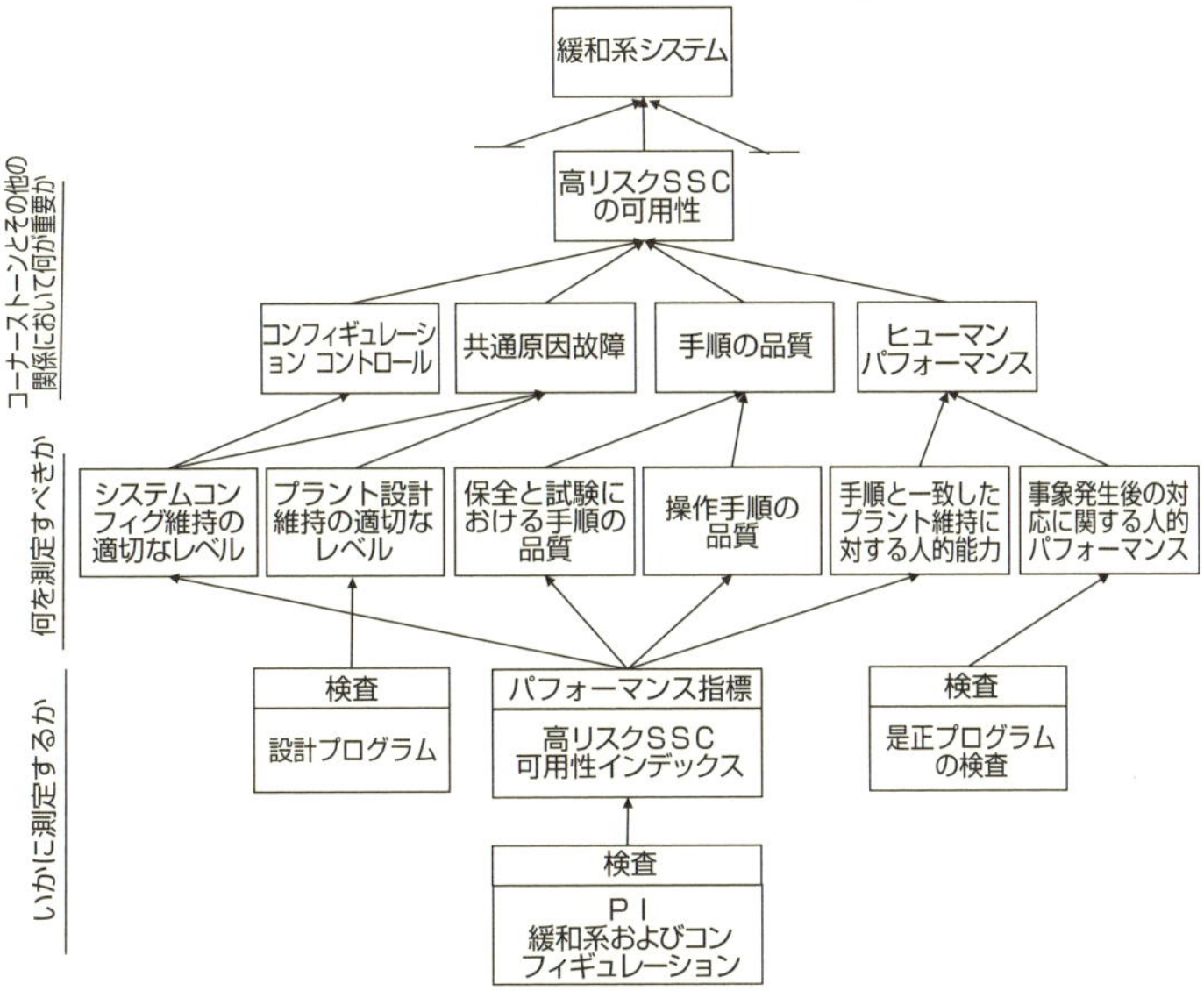

ワークショップ準備資料より。緩和系の重要要素や、測定方法などが体系化されたもの（ＮＲＣ保存文書より抜粋）

の開催目的は、オーバーサイトの理念を議論し、合意することであった。

会議にはＮＲＣ職員、事業者、第三者等約３００名が参集し、公衆の衛生と安全を確保するための方法としてリスク情報を活用し、安全パフォーマンスを確認するＲＯＰの開発を目指した検討が行われたのである。

ＮＲＣからは、本部の主管部署、関連部署職員に加えて検査の実施部隊である各地方局の職員などが参加した。産業界からは、事業者、ＩＮＰＯ、ＮＥＩが参加し、第三者としては、ＧＡＯ、州規制機関、海外の規制関連機関、上院の委員会スタッフ、ＵＣＳなどが参加した。

ＮＲＣ職員は現行の検査制度における問題点を明らかにした上で、どのようなパフォーマンス評価を目指すべきかを明言し、ＮＲＣの改革チームによる活動を紹介した。パフォーマンス評価制度の刷新に向け、多岐にわたる課題が分科会形式で検討された。ＮＲＣの制度改革計画では、同会議の結果を受け、ＲＯＰ開発を本格化するスケジュールが敷かれており、ＮＲＣは、同会議にて、課題への対応方針を固める必要があった。それゆえ、開催にあたって、ＮＲＣはＮＥＩ、第三者等の関与のもと、入念な準備を進めたという（同分科会のファシリテーターを務めたＮＲＣ職員に対する筆者の聞き取り調査より）。

「官産民」が検討した4つの主要課題

前述を背景とする同会議の主要アジェンダは「ポリシー全般の課題」「リスクインサイトの活用」「ＰＩの活用と検査結果とのインテグレーション」「オーバーサイトに

おける強制措置の役割」であった。

「ポリシー全般の課題」に関しては、「閾値の考え方」「検査の適時性」「NRCの独立性」「検査の気づきの扱い」が検討された。例えば、「閾値の考え方」については、NRCの介入が減らされた状況で、事業者が安全に運営できる閾値を、ゼロ検出トレランスからどのレベルに設定するか、といった議論が行われた。NRCが低い閾値を設定することが、どのような状況を引き起こしているかが紹介された。安全重要度の極めて低いことやヒューマンパフォーマンス上のエラー1つ1つに対して、事業者の手順書をNRCがレビューすることで、事業者の取り組みに対し、大げさな結論が出る現状も背景情報として議論のテーブルに載せられた。ROP開発を形式的なものに終わらせないという関係者の姿勢が垣間見えるアジェンダであった。

ワークショップではこのほかにも、ROPの根幹をなすあらゆる事柄について検討が進められた。例えば、「リスク情報の活用」に関しては、目指すべき活用の度合いやリスク情報の取り入れ方（プロセス・基準）等について。「PIの活用と検査結果とのインテグレーション」に関しては、いかに客観性ある手続きを経て、透明性があり理解の得られるインテグレーションを行うかについて。「監視における強制措置の

《ROP誕生に向けたコーナーストーン検討ワークショップの概要》

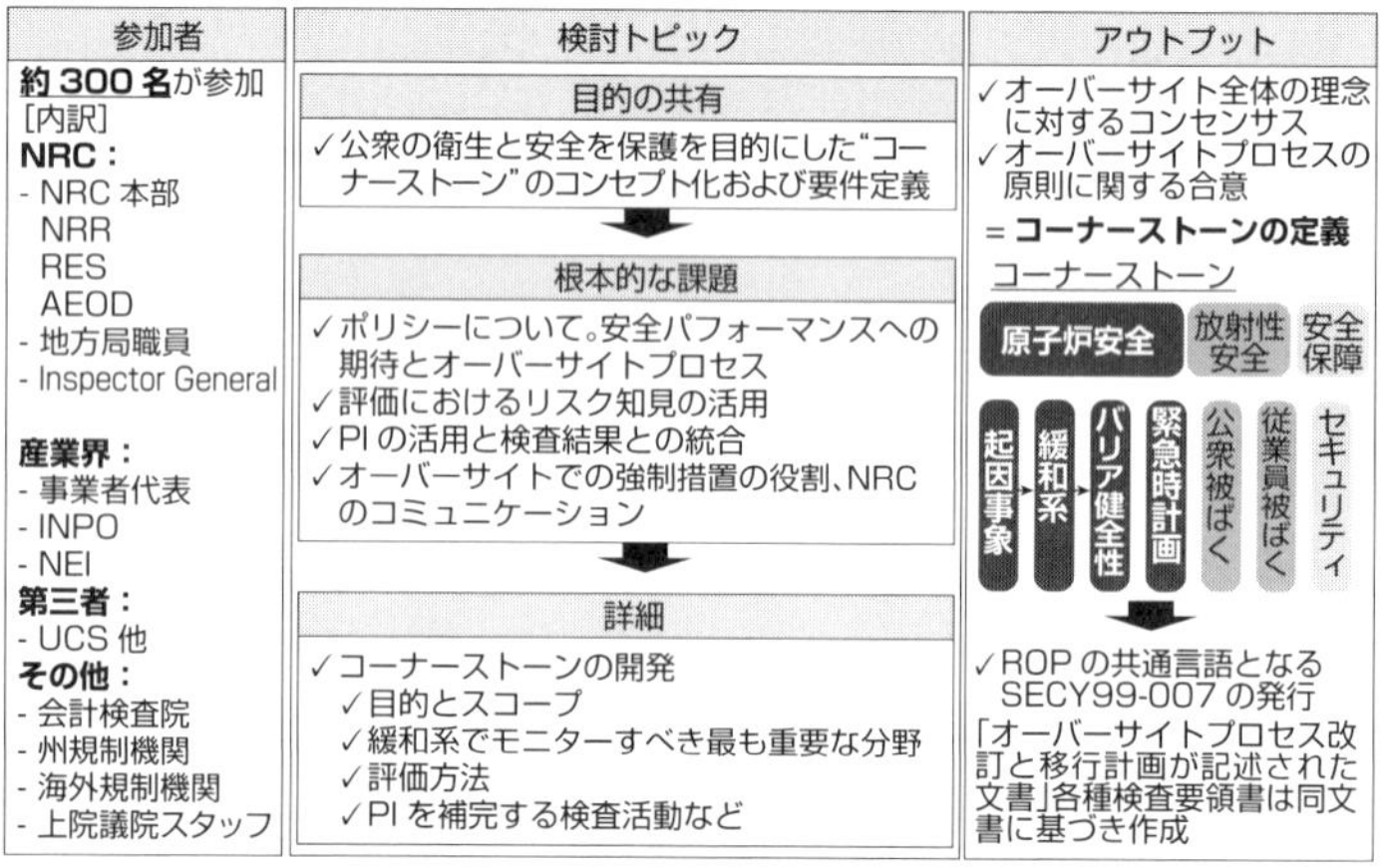

Inspection Manual Chapter 0308, SECY-99-007をもとに筆者作成

役割」に関しては、事業者の是正措置を促すNRCの実効的なアクションについてなどが議論された。

ワークショップに参加した、NRCの幹部・職員らは、外部関係者との「協働の価値」を実体験した。議論を通じ、制度の方針を固めるというワークショップ手法により、関係者にとって、ROPの理念が自分事となり、その後のROPの開発に深く影響を与えた。組織行動学において、ビジョンの策定に関係者が関与することは、特定の関係者のみで決めた方針の押し付けよりも、はるかに関係者の当事者意識とコミットメントに効果的だというのが通説だ。パフォーマンス指標を用いた制度が目指すゴールに向け機能するには、評価対象の方々が評価の価値を納得している場合に限る。NRCが主催した、コーナーストーンワークショップは、NRCに対し、関係者とのコミュニケーションや関わりという組織的行動の転換を促し、また制度の骨格に対し関係者と共通認識を持つことの大切さを経験した。

ROP設計のための3つのタスク

ワークショップでの議論の結果、3つのタスクグループが立ち上がる。PIや閾値の検討を行う「技術的枠組み検討」タスク、検査プログラムの内容を検討する「検査」タスク、アセスメント結果に基づくNRCの対応検討する「アセスメントプロセス」タスクの3つである。

このタスク型検討の特徴は、個々の中身の検討に加え、これらの3つのタスク検討を統合型で進めるために、事務運営総局によるチェンジマネジメントが展開された。新検査プロセス検討のチェンジマネジメントプランの策定と実行、新検査制度への移行プランの策定と実行など、単にタスクの活動状況をチェックするといった調整以上

《ＲＯＰ設計のための3つのタスク》

1．技術的枠組み検討タスク
ＰＩを特定し、パフォーマンスの測定に使用されるべき適切な閾値を特定し、規制の監督体系を仕上げる。

2．検査タスク
ＰＩを補完し、ＰＩを検証するリスク情報を活用した検査プログラムの検討を行う。スコープ、深さ、頻度を設定するタスク。

3．「アセスメントプロセス」タスク
ＰＩ、検査データ、アセスメント結果に基づくＮＲＣのアクションを決め、事業者や第三者にその結果をコミュニケーションする

の活動が行われた。ＮＲＣには、一貫性があり統合された規制を策定し、運用することが、社会から期待されていた。そのためには、前述の関係性のある上記３つのタスク検討を確実に統合させ、検討を進めることが不可欠であった。

ＲＯＰが関係者にとって共通言語になるための文書 SECY99-007

「原子炉監督プロセス改善に関する勧告（SECY 99-007）」は、３つのタスクチームによる検討結果をまとめたもので、事務総局長から規制委員会へ提出された文書である。

SECY99-007では、検査制度の客観性を改善し、より分かりやすく予測可能にし、そして発電所の安全な運転に最も大きな影響を及ぼすパフォーマンスの側面により強く焦点を当てるために、NRCが策定した検査、評価および強制措置プロセスへの変更案を取り上げている。産業界、第三者からのインプットを受けたことも言及されている。

500ページ近くにわたる同文書には、以下の付属文書が紐づけられている。1 主要な図及び表 2 技術フレームワーク 3 リスク情報を活用した基本検査プログラム 4 評価過程 5 強制措置プログラム変更 6 移行計画 7 評価レビューパブリックコメントのまとめ 8 コミットメント（スタッフ要求メモへの具体的回答）。この文書は、ROPの最上位文書であり、40を超える基本検査要領書もこの文書に紐づくものとなっている。

ROPの特徴については130ページでも取り上げているが、特筆すべきは7つのコーナーストーンを設定し、期待されるパフォーマンスを明確化したことである。NRCの地方局Iの局長を務めていたマーク・ダパス氏によれば、コーナーストーンの考え方は、以下の通りだと言う。

《「原子炉監督プロセス改善に関する勧告（SECY99-007）」から一部抜粋》

1999年1月8日　　SECY 99-007

送付先：委員各位

送付者：William D. Travers /s/

運営総局長

用件：原子炉監視プロセス改善に関する勧告

目的：
本NRC文書は、1998年6月30日付SECY-98-045スタッフ要求メモ（SRM: Staff Requirements Memorandum）による要求に応じて、規制当局による監視プロセスの改善に関する職員の勧告を提供する。このSRMはIRAPのパブリックコメント期間の結果をNRCに提示し、評価過程に対し推奨される変更を提出することをNRC職員に求めるものであった。職員はまた、新しい評価プロセスに準拠するために必要となる検査プログラムへのいかなる概念的変更をも取り入れることが求められている。

また、1998年11月2日に実施された、規制の監督プロセス改善に関する職員のブリーフィング結果をまとめたSRM M981102に対する委員コメントへの回答も本文書で扱う。さらに本文書は、1998年9月15日付COMSECY-98-024 SRMの要求に応じ、SALPの一時停止を継続することに関する職員の計画を提供している。

最後に、本文書は、NRCの検査、評価および強制措置プロセスの改善のための勧告を提示し、推奨される変更を実施するための移行計画をも扱う。職員はこれらの勧告策定のため産業界および第三者と注意深く密接な検討を行ってきた。本文書はこれらの勧告を総合的に提示するための初めての機会となっている。

《SECY99-007で示されたコーナーストーン》

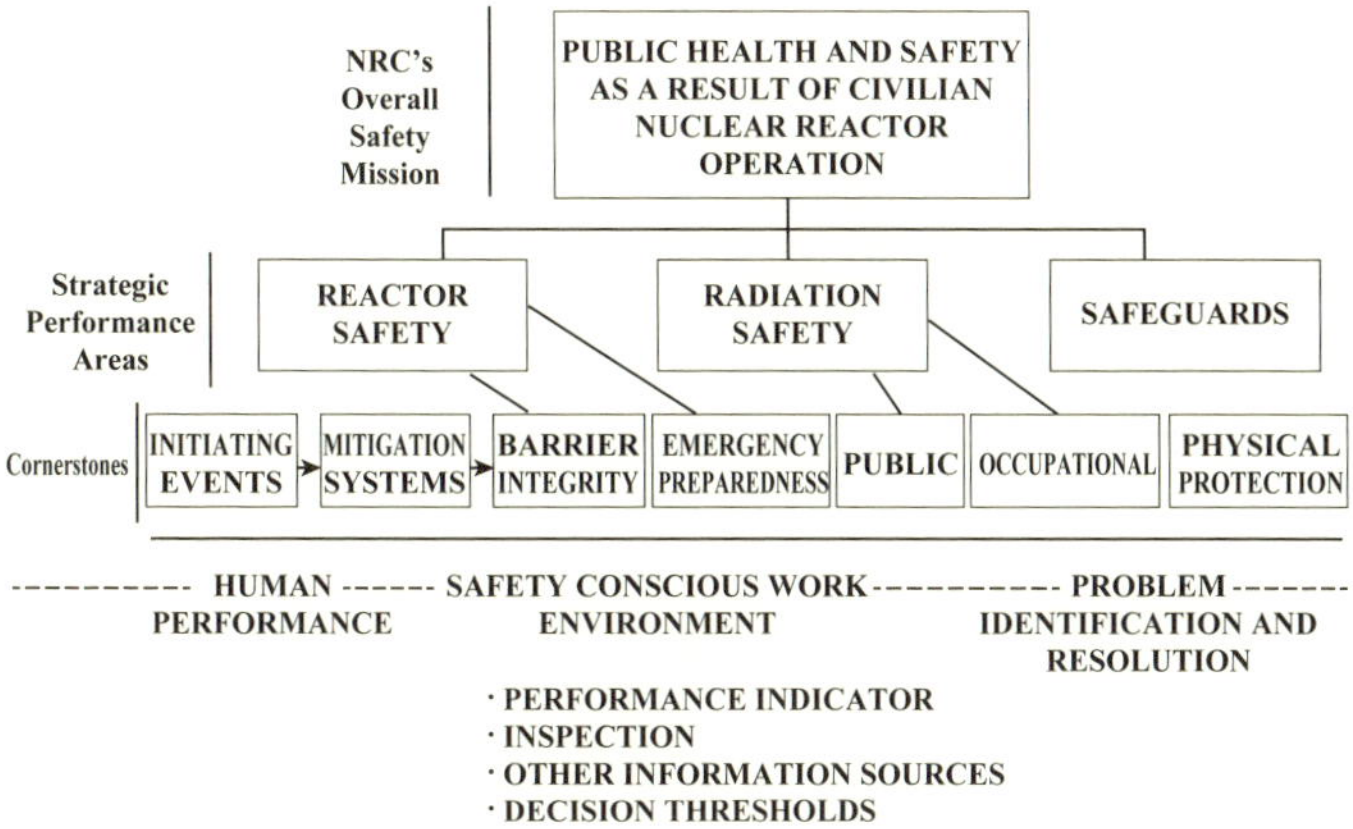

「民間の原子炉運転の結果として公衆の衛生と安全」を NRC の安全ミッションごし、7 つのコーナーストーンが定義された。現在の ROP の原型にあたる。

コーナーストーンの考え方

起因事象　イベントの発生頻度を限定する

緩和系　システムの緩和に関する可用性、信頼性、能力を確実なものとする

バリア健全性　燃料被覆管、原子炉冷却システム、格納容器バウンダリの健全性を確実なものとする

緊急時計画　緊急的対応を確実かつ適切なものとする

公衆被ばく　公衆を放射性物質による被ばくから保護する

従業員被ばく　原子力発電所

の従業員を放射線被ばくから保護する

物理的防護 放射性物質に関連する妨害行為へのデザインベーシスの脅威に対し、物理的防護システムが確実なものとなる

NRCは「公衆の衛生と安全の確保」の要となる考え方をコーナーストーンに埋め込んだ。コーナーストーンごとにパフォーマンス指標を設定し、許容できないパフォーマンスレベル、規制対応が必須となるレベル、規制対応を強化するレベルについて、閾値を設け、規制活動方針を決めた。「公衆の衛生と安全の確保」という目的を共有した産業界・第三者の叡智を結集した検討によって導き出された方針であった。

進化するROPプロセスの開始 - ROPの試運用と関係者の関与 -

開発されたROPが、実際どれだけ目的に合致したものとして機能するのかを確認し、どこを改善すべきなのか、を検討しようと、ROPの本格開始前に「試運用」が行われた。大がかりな制度移行を成功させようと規制する側、される側、第三者が関与し、知恵とリソースを提供し進められた取り組みである。

１９９９年3月、運営総局がＲＯＰの概念に関する追加情報と、各地域における6ヶ月のＲＯＰの試運用計画を提示した。この運営総局案に対し、規制委員は具体的な方針を提示した。職員がより目を向けるべきことはなにか、ＲＯＰの評価結果に対する委員の関わり、事業者に不当に不利とならないような手続き、事業者による問題特定を妨げない職員の振る舞い、についてである。委員が具体的な方針を運営総局へ提示したことは、ＲＯＰに対する委員のコミットメント（責任）であり、その後のＲＯＰの進展の道筋を形づけることになる。

委員が提示したＲＯＰ試運用の方針

１　評価プロセスが十分ロバストであり、是正措置プログラムや品質保証プログラムなどへ展開されること。マイナーな気づき事項の切り分けができていること。検査、評価、強制措置上の各種変更が全体としてまとまった方向性を持つこと。ゆえに、安全重要性がより低い多くの問題を寄せ集め、リスクの重要性を分析し、システムの脆弱性を検討する取り組みを、職員は続けなくてよい。

２　委員会は、あらゆる発電所の状況について、本部レベルの対応が発生しようとしまいと、毎年ブリーフィングされるべきである。

3 職員はNRCの懸念に対処しようとする事業者への支援として、年次委員会の前に、事業者と第三者に対し、四半期ごとの評価を提示すること。つまり、会合で突然驚かす、といったことがないよう、手続きプロセスの提示など、確実な措置をとること。

4 事業者が問題特定プロセスへ積極的に取り組む際、この取り組みを職員が妨げないよう、事業者自らが特定した問題点を職員がどう扱うべきかについてよく考えるべき。

ROP試運用には3つの目的があった。まず、ROPの様々なコンポーネントが効率的に機能しているかどうかを評価すること。次に、重要度評価プロセスにおける問題の有無を確認し、本格開始の前に問題点へ修正を加えること、そして、ROPの効果を評価することの3点である。

これらを目的にして、1999年5月30日より半年間の試運用が9つの発電所にて行われた。9つの発電所はNRCに対し、試運用の実施上必要なパフォーマンス指標

《ROP試運用を実施した発電所》

地方局Ⅰ	地方局Ⅱ	地方局Ⅲ	地方局Ⅳ
セーラム／ホープクリーク	シャーロンハリス	プレーリーアイランド	フォートカルフーン
フィッツパトリック	セコイア	クアッドシティズ	クーパー

ROP試運用にはNRC管轄下の99の商業用発電所の中から9つの発電所が選ばれ、実施された。半年にわたる試運用は、事業者によるパフォーマンス指標のデータ提供等の協力によって行われた。


の情報提供を行った。

9つの発電所は、地方局が管轄する各地域から選ばれた。SALPでは、評価の地域間でのばらつきが問題視されていた。試運用の対象発電所がもし1つの地域に集中した場合、試運用の結果に対する信頼性が損なわれかねなかった。

ROPの試運用において、検査官をはじめ職員へのきめ細やかなコミュニケーションプログラムが用意された。地方局の幹部とは、週次の試運用会合を行い、本庁と地方局間における状況共有の徹底が図られた。また、NRCは事業者、第三者とのコミュニケーションプログラムとして、NRC内外の14名から構成される「試運用評価パネル」を設置した。同パネルは、試運用の評価や本運用開始に向けたプロセスの変更案、移行準備に関する提言をNRCに対し行った。

試運用に関する数々のコミュニケーションプログラムを通じ、NRCには、関係者から意見が寄せられている。NRC

は、試運用の実施結果に加え、関係者からの意見を、「試運用結果」として約150ページの文書にまとめた。同文書には、NRCが関係者の意見をどう扱い、また本番に向けどう教訓とするかが綴られている。

いくつか例を紹介する。

NRCの各地方局職員の声

「事業者の是正措置プログラム、分野横断問題、SDPをモニタリングし、改善するといった、今回の新検査プログラム導入にはもっとリソースが必要だ。」

「変更を伴う制度を受け入れるにはNRC内部のコミュニケーションやプログラムマネジメント上の問題を解決しなければならない。」

「いくつかのPIについては、閾値と併せて、今一度定義を明確化にすべき。」

「試運用中期間中、SDPを十分活用できなかった。安全の余裕がしかるべき減少を引き起こす前に、安全パフォーマンスの低下を本当に特定できるのか、意見が分かれている。」

各地方局員に対するＮＲＣ本庁の見解

「職員の懸念は、ＲＯＰを運用してまだ問題を扱っていないことによって生まれる懐疑的なものであろう。ＲＯＰにおいて、安全の裕度が維持されるよう合理的な確証を提供できるよう、リスクインフォームドの閾値を確立するグレーデッドアプローチをとる。これにより、公衆の衛生と安全への不当なリスクが起こる前に、ＮＲＣと事業者の双方が、パフォーマンス欠陥に気づく時間を確保することができる。適切な基礎的準備を整えることで解決することができる。」

州政府の声

「ＲＯＰにおいて色を用いると、オーバーサイトのプロセスが安易だと見えてしまわないか」

「ＰＩを用いることは本当に適切なのか」

「検査プログラムに必要な時間、ガイド、経験を確保できるのか」

「ＳＤＰは複雑でわかりづらい。気づきの扱いに対しいかに客観性を担保するのか」

「ＮＲＣ職員は、制度の本運用に納得しているのか」

州政府の声に対するNRC本庁の見解

「色付け方法は、リスクの値や、パフォーマンス上の問題にリスクの特徴を紐づける、といった複雑さ抜きで、発電所のパフォーマンスをより理解できるよう用意した考え方だ。色付けにより、領域ごとにNRCの規制対応が一目瞭然となる。大事なのは、監督プロセスが、より客観的で、予見性があり、そしてわかりやすいものになることである。」

「PIをどう位置付けているかについてだが、我々は、PIだけで、発電所の安全余裕が適切かどうか決定するわけではない。リスク情報を活用し閾値を設定したグレーデッドアプローチをとることで、安全の余裕を維持し、また、公衆衛生と安全に対する過度のリスクが生じるより前にNRCも事業者もパフォーマンス欠陥に対応する十分な時間を持つことが合理的に保証される。」

「検査官の経験については、各地方でばらつきが生じている状況を問うものと受け止めているが、今回の新たな基本検査プログラムは、検査活動や評価がより一貫したものになるよう開発されている。より経験のある検査官はより重要な問題を特定するであろうし、より重要なアスペクトに注意を払うのは確かにその通りであるが、検査ガイドの実施は、検査官の裁量次第ではない。あらゆる検査の目的が実現されなくてはならない。」

「SDPの運用にあたっては、一般の方にご理解いただけるよう、我々は努めなくてはならない。SDPの客観性担保、というチャレンジをやり遂げるつもりである。（中略）SDPはリスク重要性の最も高い問題にNRCも事業者もしっかり取り組めるよう、意図されたものである。」

「明らかに、この新しい監督プロセスの影響はしっかりとモニタリングされる必要がある。その点に関し、NRC職員は、事業者のパフォーマンスを評価すべく、今回の監督プロセス以外にも確立されている各種プロセスを活用するつもりである（例前兆事象評価、事業者のパフォーマンス指標）。また、監督プロセスに調整が必要かどうかを判断できるよう、統合された事業者の評価プロセスを開発し、産業界全体のパフォーマンスを確認するつもりである。職員は、今回のプロセスが動的な性質を備えていることを認識している。プロセス全体への自己評価を行い、運用開始から1年後に、教訓をまとめ、規制委員に報告する予定である。」

ROP導入は大がかりな制度変更であり、関係者の見解は、NRC内部も外部も決して一様ではなかった。NRCは関係者から挙がる異なる見解、不安の声をも記録化し、制度設計やコミュニケーションの参考にした。こうしたチェンジマネジメントプログラムをNRCはROPの試運用期間中に実施し続けた。

試運用から本運用開始に向けて

半年の試運用期間を経て、2000年2月24日にはその教訓がまとめられた。しかし、試運用の対象外となった大半の発電所では、SALPからの移行計画は用意されたが、試運用無しでROPを展開することが計画されていた。NRCは、ROP開始予定日である4月2日までのわずか2ヶ月弱で、本格開始の準備を進めなければならなかった。4月直前にNRCが主催した「規制情報会議」でのブレイクアウトセッションは「どのようにしたら、NRCと事業者はROPを成功させることができるか?」がテーマであり、地方局幹部から数々の懸念が表明された。米国有数の発電所立地地域を管轄下に抱える地方局Ⅲの幹部は、「PIの正確さの検証」「分野横断問題のアセスメント」「SDPの導入」「コミュニケーションの改善」「検査官のトレーニ

《NRCが事業者へ送った検査制度変更の通達文書より》

地方局Ⅳ
2000 年 3 月 31 日

ハロルド・E・レイ副社長殿
サザンカリフォルニアエディソン社
サンオノフレ原子力発電所
ＰＯ BOX ×××
サクラメント、カリフォルニア、×××××—××××

この文書は、貴所のパフォーマンスに対する当局の評価と、今後の検査計画をお伝えするものです。2000 年3月2日に、サンオノフレ原子力発電所２号機、3 号機に対し発電所パフォーマンスレビューを完了しました。我々は、これらのレビューを通じ、各発電所の安全パフォーマンスに対する統合オーバービューを開発しました。発電所パフォーマンスレビューの結果を、検査リソースの割り当てやシニアマネジメントミーティングのインプットとして用いており、（以下略）

試運用を受けていない事業者宛てに、NRC が ROP 開始の直前に送った文書の冒頭部分。抜粋、翻訳。

ング」「リソース管理」を懸念事項として挙げた。いずれも検査の実施に重要かつ、制度の信頼性の根幹となることでありながら、解決に時間を要するものであった。

そのセッションに先駆けて行われた当事者プレゼンテーションでは、試運用を経験したコムエディソン社幹部が「試運用の教訓」として数々の改善事項を紹介した。（詳しくは9章を参照）

第三者からも、UCSのデイビッド・ローチバム氏は、規制情報会議にて、ROP開始を支持した。

NRC、事業者、そして第三者も

全米の発電所を対象に行われるROPを成功させようと、課題と教訓を共有し、議論を重ねた。本運用開始のぎりぎりまで、準備が進められた。

「プラントパフォーマンスレビュー サンオノフレ原子力発電所2号機、3号機（2000年3月31日付）」はNRCが事業者に宛てた文章である。検査変更の趣旨として、背景、目的、検査方法、事業者への影響などが2ページにわたり説明されている。また、新制度開始後の基本検査の年間スケジュール表も提供され、新検査制度への移行に伴う混乱を少しでも軽減しようと、NRCから事業者へ提供されたものである。

しかし、当時、NRC職員の多くが、ROPへの移行に不安を覚えていた。GAOの報告書「NRC職員は今回の計画的変更を完全に受け入れたわけではない」（2000年1月）の中で、NRC発足以来の大改革に対し、マネジメントは十分機能せず、6割もの職員が、ROPは発電所の安全余裕を減らす、と思っていたことを指摘した。NRC組織の全職員がROP開始に向けて同じスタートラインに立っていたわけではなかった。GAOはNRCにはチェンジマネジメント戦略が必要であると指摘した。検査制度を引き続き改善していかねばならないことは明らかであり、ROP開始後も、ＮＲＣは産業界、第三者と協働しながら検査制度の検証、改善を重ねていくことになる。

ＲＯＰ検証パネルの設置とＲＯＰの改善

ＳＡＬＰとＲＯＰを比較すると、決定的に異なるのは、検査制度が引き起こした問題がＮＲＣ組織の存亡に直結した点である。議会のオーバーサイトと言うと、聞こえは良いかもしれないが、ＮＲＣは数ヶ月ごとに議会に対し改革の進捗を報告し、成果を説明できなければ、予算削減や人員削減が言い渡される状況に置かれていた。この時期、ＮＲＣを去った職員は少なくない。議会からの吊るし上げという強硬策は、行政機関であるＮＲＣに対する改革遂行への大きなインセンティブとなった。当時の苦い経験がＮＲＣにとってその後のＲＯＰ進展に取り組み続ける暗黙裡の動機となったとしても不思議ではない。

期限付きでの成果創出が議会から求められていたＮＲＣは、２０００年４月からの新検査制度スタートというスケジュールを立てた。ＮＥＩがＲＯＰの原型となる「新たな規制のオーバーサイトプロセス」を提示してから、わずか1年半強で、NRCは制度設計、試運用、移行を経て、本運用に辿り着いた。この短期間型変革を乗り切ろうと、NRCは数々の施策を設けた。その1つに、ROPの検証パネルの設置が挙げられる。ROPの本運用開始状況をNRC内外のメンバーから構成されるパネルが検証する仕組みである。

検証パネルは、ROPの試運用時に設置された「試運用評価パネル」（詳細は148ページからの「進化するROPプロセスの開始－ROPの試運用と関係者の関与－」を参照）が発端となり、本運用開始後は、ROPを検証するパネルとして、ROP開始から1ヶ月後の2000年5月から委員会によって設置が承認された。

検証パネルではROPの本運用上の課題を、ROPの制度的理念や目的の観点から確かめ、課題の優先付けを行った。パネルでは検証内容に対するより深い考察や、解決策の検討が必要になると、パネルの常任委員ないし臨時で招聘した委員から情報提供を得るという柔軟な運用方法が採られた。パネル評価には、ROPの制度設計を担当する本部の担当部署（NRR）職員やROPの実行部隊であるリージョンの職員をはじめ、NRCの多岐にわたる部門の職員が参画している。

この検証パネルに臨時委員として参加した、組織行動研究者のメアリー・ファーディグ氏によれば、「ＮＲＣのＲＯＰ開発に見られる特徴は、異なる視点を持つ関係者が協働し、オープンコミュニケーションをとったことである」という。ＲＯＰの目的には、「安全性の維持」「効果的であること」の次に「第三者の信頼を高める」が挙げられているほか、「理解されること」も挙げられている。これらの目的を真に実現しようとすれば、「検証パネル」は、関係者らによる本質的かつ実践的な議論が不可欠である。効果的な議論ができるファシリテーション、参加者の関与姿勢が重要になる。ＮＲＣ職員は、「検証パネル」を通じ、ＲＯＰの実現というゴールに対する、ＮＲＣ内外の見解に触れることになる。「検証パネル」は相手の意見に耳を傾けるという、ＲＯＰ進展に欠かせない対話のすべを、ＮＲＣが組織の力として身につける重要な役割を果たしたのかもしれない。

"Trust but Verify." という言葉について

ＮＲＣ職員が規制業務に臨む際、求められる姿勢に、"Trust but Verify." という考え方がある。この考え方は「事業者を信頼するが、検証しなさい」という事業者との関係の在り方を示すものとして用いられている。例えば、発電所における検査において検査官に求められる振る舞いとしては、事業者から聞き取り式で情報を得る際に、常に "Trust but Verify." を念頭に置くことが期待される。もし、聞き取った情報の一つに、自分の把握していることと、何か違いがあったとしても、間違いだと決めつけず、発電所で働く様々な方から話を聞き、検査の専門家として確認することを重視しなさいということなのだ。

"Trust but verify." は、事業者とＮＲＣは異なる組織でありながら、双方が原子力の安全確保という目的を共有して協働することが不可欠という、ＮＲＣの考えを示した言葉である。

9 ROPの本運用開始

NRCはROPを2000年4月に運用開始した。ROP開始時の混乱を事業者はどのように受け止めたのか。検査制度を短期間で新たなものへ変えようとしたことへの戸惑いや不満はなかったのか。その後のROPの改善についても見通しが立たないことに対し、事業者はNRCに苦情を述べたり、あるいは面従腹背の姿勢をとったのだろうか。制度設計・運用の当事者であるNRC職員はこの混乱にどう向き合ったのか。そして第三者の目には、ROP開始はどのように映ったのだろう。

産業界によるROPの教訓化

ROPの試運用を受け入れたコムエディソン社は、PI、検査について以下の3点を教訓化した。

1 試運用を通じ、ＰＩには見直しが必要であることが明らかとなった。産業界とＮＲＣはＰＩをもっと明確なものにし、また、ＰＩに必要なデータ収集の煩雑さを改善しなくてはならない。

2 リソースの効果的な活用に向け、リスクに集中した検査の準備を行った。これにより、コンプライアンス問題に検査官が過度に力を注ぐことは避けられた。大半の検査が発電所員のサポートのもと行われ、従来の制度と同程度の時間を所員がサポートに費やすことになった。

3 是正措置プログラムの効果的な利用を強化すべきである。例えば、ＰＩ及び検査における数々の問題に対し、事例活用など適切な手法を適用すること。職員の知識、そして、リスクを扱う手法の理解の面で改善が必要である。是正措置プログラムにおいても、検査結果とＰＩの結果を適切に取り扱うようにすべき。是正措置プログラム、ＰＩ、職員のスキル習得を連携させた効果的な変革管理が求められる。（クリス・クレイン「試運用プログラムの教訓」、規制情報会議２０００年3月を参照）

コムエディソン社の教訓は、検査の手順、用いるデータ、評価方法、職員のスキル、全体管理といった検査制度変更の主たる要素に関わるものであった。ＲＯＰがいかに多くの課題を抱えながら、本運用を開始することになったのかが窺われる。

しかし、もう１つ重要な点は、これらの教訓においてＮＲＣに対する批判の姿勢を読み取ることはできないことである。その代わりに見えてくるのは、ＲＯＰをどのように改善できるのかという問題の考察と改善姿勢である。

ＮＲＣが、有言実行であること。このことが、ＲＯＰ改革に産業界が、理解を示す理由のように思える。ＲＯＰ開始直前に、ＮＥＩ当時のＣＥＯジョー・コルヴィン氏は、ＲＯＰ導入を推し進めるＮＲＣに対し、「ＮＲＣは産業界のパフォーマンスを認識し、また議会のサポートと励ましを得ながら、改革を確実に進めている。そして、産業界とＮＲＣがＲＯＰの土台となる検討を重ねてきたことが、今、改革を加速化させる要因であろう。」と述べた。

その後、ＮＥＩは、ＲＯＰの改善に寄与する産業界ガイドラインを作成した。ＲＯＰが進化する制度であることを踏まえ、制度の理念、制度開始の経緯と運用の経過を記録し、事業者の姿勢や取り組みを綴ったものである。規制産業である原子力において、関係者がROPを共通理解できるようになる生きた教科書的存在である。

ROPの制度設計には事業者も第三者も関与した。その過程でROPの目指す姿と、設計の進め方に対し理解を深めていった。大転換ともいえるROPへの制度変更がそう簡単に済まないことを誰もが理解していた。発電所の安全パフォーマンス状況に対し、ROPの実効性を確認しながら、見直しを加えていく、という進展型アプローチにたどりついた所以である。

NRCのチェンジマネジメント活動

ROPに対する事業者、第三者の理解が得られつつあるNRCであったが、組織内部では改革による不安定な状況が続いていた。ROP本運用開始直前の1999年には、わずか半年の間に、委員長がシェリー・アン・ジャクソン氏から、グレタ・ディクス氏、リチャード・メザーブ氏へと相次いで交代となった。NRCの事務局は、改革チームを中心に、ROPの本運用への移行と準備を進めた。中でも、全米各地域の数千人規模の検査官を対象に実施された「移行コミュニケーションプログラム」には、多大な労力が注がれた。同プログラムは、検査官に対する変更内容の説明と、行動変容を促す取り組みであった。これによって、ＲＯＰに対する懐疑的意見が根強くあった地方局においても、検査の実務手法の良好事例集作成が進められた。

《ＮＲＣの地方局で使われる、検査官用「良好事例集」》

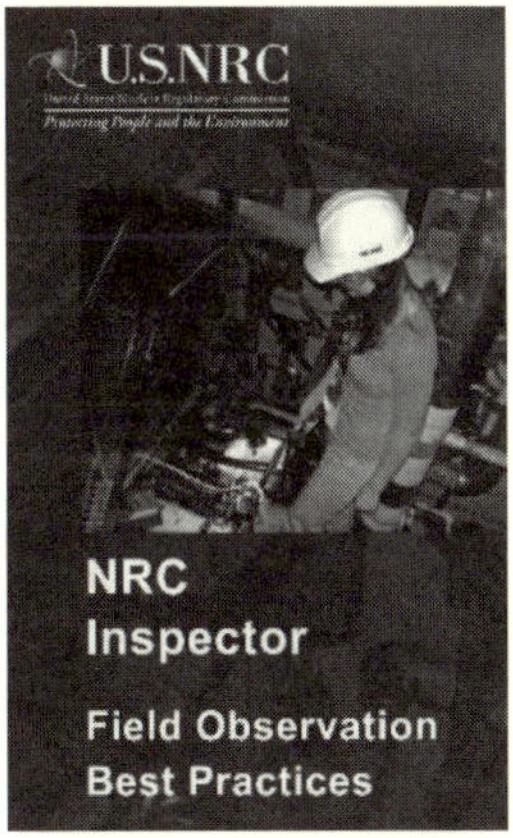

「発電所において、どの換気系システムが重要補助機器かをみなさい。」といった技術的な内容から、「当該発電所を巡視する際、他の発電所を規制の基準のように引き合いに出して扱ってはいけない」といった振る舞いに関する事例まで内容は多岐にわたる。

第三者の目

ＵＣＳのデービッド・ローチバム氏は、ＲＯＰ本番開始の半月前に（それでも）「問題点へ早急に対応することでＮＲＣはＲＯＰを開始すべきだ」と、ＮＲＣ、産業界などの関係者を前に述べている。同氏は、ＲＯＰは「何を目指す制度なのか、そのメカニズムは何か、問題点は何かについて、ＮＲＣ、事業者、第三者が認識したことで、解決しようとそれぞれが知恵を出した。そして、その後の制度改善が図られ今日に至る。」と言う。

ＲＯＰの良い点として、

１　パフォーマンスがより具体的な領域で評価されるようになったこと（評価の透明性が改善）

２　パフォーマンスの評価サイクルが短くなったこと（検査の適時性がないことに対する改善）

３　パフォーマンス欠陥に対するＮＲＣの対応が場当たり的で属人的なものから、事前に定義されるものになったこと（ふるまいの一貫性が改善）

4 当事者でない第三者が入手できる情報や手段が限られていたが、全発電所のパフォーマンス情報がインターネット上で入手できるようになった（情報の入手性が改善）

を挙げる。

その一方で、

1 ROPの理解普及に努める必要性

2 試運用時にSDPがうまく機能しなかったことに対する検討の必要性

3 物理的防護についてさらなる検討の必要性

4 アクションマトリクスからの乖離は安全に対する脅威であり、社会的信頼の喪失になり兼ねない、という懸念

5 SDPが機能していない状態において、分野横断的問題への現状の対応では、安全上の問題を軽視しかねない

という懸念を挙げた。

同氏は、ROP開始前後のことをこう振り返る。

「SALPにおいて、ウォッチリストに一旦掲載された原子炉を掲載から外すためにどのような改善が必要なのか不明確であった。しかし、ROPにおいて、パフォーマンス欠陥は何から構成され、NRCがこの欠陥をどう検出するかについて定義されている。また、パフォーマンスの改善についてどのような証拠がそろうとアクションマトリクスのカラム1と評価されるのかについても明確である。ROPがSALPより、優れているのは明らかであった。重要なことなのは、客観的で一貫性のあるオーバーサイトとなること、そして、オーバーサイトに対し発電所オーナーと市民から信頼を得られることである。」

ROP本運用開始から2年後の2002年、NRC主催の規制情報会議が開催され、同会合にて、「原子力汚染に対するニューイングランド連合」の顧問を務めるレイモンド・シャディス氏が登壇し、「2年目のROPに対する市民の考察」を紹介した。「社会の信頼を測る尺度は何か？ROP以外のNRCの取り組みと結果という文脈抜きに、ROPを単独で評価することはできない。社会の信頼は、市民ひとりひとりに信頼心が芽生えれば、向上するであろう。」と述べた。
もう１人の第三者は州政府である。全米有数の原子力発電所の立地地域であるイリノイ州の州政府にて原子力部長（当時）を務めるゲーリー・ライト氏は、「安全性の維持」「社会の信頼」「規制プロセスの効率性と実効性の改善」について見解を述べた。同氏は、ＲＯＰが個々の発電所の安全性について理解しやすくまた客観性があることを評価しつつ、ＳＤＰ、リスク情報の活用、分野横断については課題があり、改善すべきだと指摘した。

多様な第三者が、ＲＯＰを評価し、改善について見解を述べる様子は、ＮＲＣが目指す「良い規制」を実現する姿に見えなくもない。

ＲＯＰ開始から10年後の２０１０年に、ＮＲＣに対し、ＩＡＥＡによるレビューが行われた。レビュー報告書において、ＲＯＰは、「このリスク情報を活用した、パフォーマンスベースドのプロセスは予見性と透明性がある」と評価された。ＩＡＥＡは、ＮＲＣに対しこのように述べる。「ＲＯＰの導入後も制度の実効性を継続的に高めようと体系的なプロセスによって運用されている。ＲＯＰへの修正は、注意深く検討され、正当化され、関係者と議論がなされている。ＮＲＣは定着したプラクティスへの修正にはリスクが伴うことを十分認識している。」

10 ROP開発とその意義

最後に、ROPの意義は何であったのかを振り返ってみたい。NRCは、ROPの開発によって、原子力発電所の潜在的リスクへ確実に集中しようとした。そして、安全のパフォーマンスが低下した原子力発電所に対しては、規制面の注意を引き上げるようになった。「問題に対する実効的な予防」がオーバーサイトに求められる姿だとすれば、NRCにとってROPはその実現手段だったのである。

「効果的な監督プログラムとは、可能な限り早期にパフォーマンスの減退を検出し、望ましいパフォーマンスの範囲となっている状態を最大化できるよう、迅速に是正を誘導するものである。」（デイビッド・ローチバム「ROP開始10年後の評価」より）

関係者間で理念の検討・合意に取り組むことが制度の信頼性の土台

ＮＲＣはＲＯＰを２０００年4月に運用開始した。ＲＯＰは、産業界がＮＲＣに対し、指標を活用したアイデアを提示し、ＮＲＣが同アイデアを制度設計時に生かしたことで誕生した。ＮＲＣが1年半強でＲＯＰを設計し運用開始できた主な要因は、産業界、第三者と、理念から議論し、設計したことにある。

開始後において、「(完璧である以上）一度設計した制度に改善点があるはずがないので改善しない」といった制度の無謬性を問う声よりも、「制度は改善していくもの」を前提に、ＮＲＣ、産業界、第三者が検討を重ねることを重要とした。産業界も第三者も問題の指摘に終始することなく、問題解決に取り組んだ。

産業界は電力自由化を背景に、ＲＯＰが実効的で効率的なものになることを望んでいた。第三者は、わかりやすさと透明性の高い制度を望んでいた。そして、ＮＲＣは、ＲＯＰが社会から信頼される制度になることを望んでいた。規制する側、規制される側、第三者が制度を理解し、制度の問題が何かを考え、改善に取り組むプロセスを形成したことは、ＲＯＰが「公衆の衛生と安全の確保」を実現する制度となり、その結果、信頼される制度になるための欠かせない基盤であった。

「リスク情報の活用」が、「官産民」の共通言語に

ＮＲＣが受け入れた産業界の提案は、パフォーマンスベースドを基軸とした包括的かつ具体的手法が含まれるものであった。同提案にリスク情報の活用をインテグレートしたことにより、ＮＲＣは、評価のバラツキや主観的評価といった制度的弱点の克服へ踏み出すことができた。

「リスクインフォームド」は、ＳＡＬＰにおいても検討されていたが、検査制度プロセスへの明確な実装はＲＯＰになってからである。ＲＯＰ開発時に、リスク情報を活用した規制の先行例である「メンテナンスルール」での活用方法を参照したのである。

当時のＮＥＩ副代表である、ステファン・フロイド氏は、「確率論的評価の研究に、産業界はＲＯＰ前から取り組んできた。そのことが、制度設計に貢献している。ＲＯＰのメカニズムが働くようになるためには、確率論的評価が産官共通の取り組み

になる必要があったからだ。」と、振り返る。

「パフォーマンスベースド」を実効的なものにした産官の経験

当時の産業界ではパフォーマンスベースドに取り組もうと、産業全体のインフラを築く。そのための体制も整えられた。新たな知見の担い手は学協会、研究の実施はＥＰＲＩ（電力研究所）、人材育成とオペレーション強化指導はＩＮＰＯ、産業界の啓発はＮＥＩ、国際ベンチマーキングはＷＡＮＯを挙げることができる。これら基盤作りは、事業者が、規制当局のルールを満たせば良いという発想から抜け出し、一層安全パフォーマンスを向上させ、かつ効率的な事業運営を行おうと、自ら築いた内的インセンティブとも言える。

ステファン・フロイド氏は、ＲＯＰ開始から3年後、ＮＲＣ主催の規制情報会議においてこう述べる。「よりリスクインフォームドで、パフォーマンスベースドな制度にしていくために、立ちはだかる諸問題に取り組む。産業界はさらにパフォーマンスを高めるつもりである。」

《ROPのアクションマトリクス例》

Action Matrix by Column

Licensee Response (Baseline Inspection)	Regulatory Response (Response at Regional Level)	Degraded Performance (Response at Regional Level)	Multiple/Repetitive Degraded Cornerstone Column (Response at Agency Level)	Unacceptable Performance (Response at Agency Level)
Beaver Valley 1	Browns Ferry 1		Arkansas Nuclear 1	
Beaver Valley 2	Browns Ferry 2		Arkansas Nuclear 2	
Braidwood 1	Browns Ferry 3		Pilgrim 1	
Braidwood 2	Catawba 2			
Brunswick 1	Clinton			
Brunswick 2	Columbia Generating Station			
Byron 1	Grand Gulf 1			
Byron2	Perry 1			
Callaway	Sequoyah 1			
Calvert Cliffs 1	Sequoyah 2			
Calvert Cliffs 2	Wolf Creek 1			
Catawba 1				

ROP のアクションマトリクス　例　2018 年２月時点　NRC サイトより抜粋

事業者の安全パフォーマンス評価の結果は、左から、基本検査のみ／基本検査に加えて地方局による対応が必要／さらに本庁の対応が必要、など、NRC による対応の度合い別に一覧化されている

ＵＣＳのデイビッド・ローチバム氏は「ＲＯＰの開発には、各種指標の整備が不可欠であった。」と言う。「ＩＮＰＯが１９８０年代に行った指標開発の経験、ＮＲＣが１９９０年代前半に行った指標開発の経験とデータの蓄積により、１９９０年代後半のＲＯＰ開発が可能になったと考えられる。もし、こうした経験がない１９８０年代にＲＯＰの枠組みを開発しようとしても、今のＲＯＰとは全く異なるものが作り出されてしまっただろう。」

ＲＯＰが、何を目指す制度であるのか。そのメカニズムは何か。その問題点は何か。これらのことを、ＮＲＣ、事業者、第三者が認識したことで、それぞれが知恵を出し合った。この検討プロセスを通じ、制度改善が図られ今日に至るのだ。

自主規制活動のアクティブ化

もう１つ留意すべき点は、産業界のパフォーマンス向上をもたらしたＩＮＰＯによる自主規制についてである。原子力安全の確保を目指すという共通目的に対し、産業界は「自主規制」の取り組みを採用し、ＮＲＣは、ＲＯＰを開発した。「規制当局は、安全上重要な点については直接介入するが、それ以外については事業者の自主的な安全性向上活動（自主規制）が健全に機能しているかを監督する」ことが成立するためには、事業者が自ら問題を見出し、是正することが大前提である。そのことを誰よりもよくわかっているのは、「事業者は互いが人質関係にある」として自主規制に取り組んだ事業者だったのかもしれない。

ROP進化のコーナーストーンとは何か

米国ではROPが、開始から19年たった今なお運用されている。NRC、事業者、そして第三者による定期的な検証を毎年実施している。近年では、2018年に、リスクインフォームドを活用した現代的な規制（achieving modern risk informed regulation）の実現等を目指した新たな検討を開始するなど、NRCは制度の進展へ意欲的に取り組む。意欲的であるのは、NRCだけではない。例をあげると、産業界では、NEIがリスク情報を活用したより実効的で効率的な検査に関する27の提言を行っている。第三者ではデイビッド・ローチバム氏は、発電所をとりまく外部環境変化が及ぼす検査活動への影響をNRCはもっと認識すべきである、と忠告する。

ROPは開発の当初から、NRCが事業者・第三者とのコミュニケーションを行い、アイデアや情報を得たことにより生まれた制度である。オーバーサイトされる重要な領域である、

起因事象
緩和系
バリア健全性
緊急時計画
公衆被ばく
従業員被ばく
セキュリティ

この7つを、NRCは「安全のコーナーストーン」と呼び、関係者らはこのコーナーストーンを核に、制度設計を進めた。

しかし、ここで、あえてもう一つ問いたいことがある。それは、「ROPにある制度進展のコーナーストーン」は何か、という問いである。本書では、ROPの意義を

「関係者間で理念の検討・合意に取り組んだこと」
「『リスクインフォームド』が官産民の共通言語になったこと」
「『パフォーマンスベースド』を実効的なものにしたこと」
「事業者における自主規制活動がアクティブ化していること」

と考えた。しかし、検査活動者であれば、各種検査手法を挙げるだろうし、リスク情報の分析者であれば、分析ツールを挙げるかもしれない。また発電所の職員であれば、自らの保全活動を、そして、発電所運営者であれば、設備管理方針や安全パフォーマンス結果を挙げるかもしれない。ＲＯＰに対する関わり、考えの数だけ、コーナーストーンとして思い浮かぶものがあってもおかしくない。

制度の進展は、多くの関係者が、進展の方向性や内容を理解し、行動し、改良を重ねていくことだとすれば、「ＲＯＰ進展のコーナーストーン」は、誰かがあらかじめ決めることではなく、関係者の議論の中から生み出されることなのかもしれない。

おわりに　原子力発電所の検査制度から開かれた問い

改革の過程をみながら、規制の進化とは何かについて本書では考え続けた。これは果たして、原子力発電所の検査制度に限ったことなのか、それとも原子力発電所の検査制度に限らない制度全般に言えることなのか。

ＮＲＣは、ＲＯＰの開発後も、制度の目的と実情とにギャップを生じていないかどうかを、常々チェックしている。全米の原子力発電所の安全パフォーマンス傾向や、ＮＲＣによる指摘件数・内容を用いて、ＲＯＰが制度疲労を起こしていないかを確認している。ＲＯＰに対する事業者の理解、社会の関心が薄れずにいることはＲＯＰの硬直化や形骸化を防ぐ重要なセーフティーネットである。ＮＲＣは、社会への積極的な情報提供と、事業者や第三者がＲＯＰをどうとらえているかという視点を持つためのプロセスを作り上げた。ＲＯＰは、ＮＲＣが事業者や社会へ圧しつけた制度ではなく、みんなで確かめ合いながら開発されてきたが、この点については、ＳＡＬＰでの教訓がＲＯＰに生かされたと言ってよいだろう。「"Trust but verify."（事業者を信頼せよ、されど確認せよ）」「開かれた組織」を標ぼうするＮＲＣが、ＲＯＰの開発プロセスへ、事業者と第三者の関与を取り込む経験をした意義はもう一つあると思う。それは、ＲＯＰをより成熟した制度にさせる機会がどこにあるか、どのように機会を見つけられるのか、について、ＮＲＣはＲＯＰ開発での実体験をもとに、手がかりをつかむことができたことである。

制度は一度設計し、運用開始さえすれば、その時点で目的にたどりつくわけではない。ＲＯＰは完成した「モノ」ではなく、公衆の衛生と安全の確保という目標に向けた努力の体現であり、終わりなき進展のポテンシャルを備えた何かになったのではないか。本書のインタビューで会った数々の関係者はＲＯＰを〝Common Agenda（共通の重要課題）〟と呼び、ＲＯＰをいかに改良し、また発展させていくことができるかを考え続けていた。私たちも進展ポテンシャルを持つ制度をきっと手にすることができるだろう。関係者が互いを尊重し、制度を直撃する課題や将来のアジェンダに向き合い、一つ一つ答えを出そうとする行為を積み重ねていくことができれば、その過程は、「社会の成熟化」を促進し、また、「社会の変容」を下支えする制度の進展となるかもしれない。制度や社会の成熟化も変容も私たち次第なのである。

謝辞　すべては人から

本書の作成は、多くの方へのインタビューが不可欠だった。「規制する側」では米国原子力規制委員会の元委員、元職員、現職員の方々をはじめ、他国の規制機関関係者の方がインタビューに協力してくれた。「規制される側」では、事業者、業界団体幹部らもインタビューに協力してくれた。さらに、ROPに深く関与した、規制者でも事業者でもない第三者に対するインタビューは、視点の偏りを防ぐ貴重な機会であった。執筆の始まりから、終わりまで続いた、インタビューや意見交換は、本書における問題考察に対する、第2の視点、第3の視点を与えてくれ、そのたびに追加の調査と分析を重ねる機会へとつながった。また、本書の読者がいらっしゃる日本においても、多数のインタビューや意見交換を行った。原子力について直接関わらない方、原子力事業者の方、原子力設備製造に関わる方、原子力制度研究者の方、行政に関わる方、他分野の制度運用に関わる方など多くの方が、調査の趣旨を知るや、インタビューや意見交換へ快く応じて下さった。私の頭には、おひとりおひとりの顔が浮かぶ。この場を借りて深くお礼をお伝えさせていただく。

インタビューのおかげで、出来事の謎を解き明かし、出来事の関係性つまり、1つ

1つの点でしかなかった出来事に、文脈が生まれた。本書の誕生は、インタビュー協力者そして意見交換してくださった方々、そして、数々の文献を残してくれた当時のNRC職員の方々の産物だ。

《略語一覧》

略語	説明
ACRS	原子炉安全諮問委員会　Advisory Committee on Reactor Safeguards NRC 内の諮問機関
AEC	米国原子力委員会　Atomic Energy Commission
AEOD	運転データ分析室　Analysis and Evaluation of Operational Data 1999 年に廃止された NRC 内の部署
AIT	Augumented Inspection Team　NRC の特別検査実施チーム名
CAP	是正装置プログラム　Corrective Action Program　事業者の取り組み
CDF	炉心損傷頻度　Core Damage Frequency
DET	Diagnostic Evaluation Team　NRC の特別検査実施チーム名
EPRI	電力研究所　Electric Power Research Institute　エネルギーに関する研究機関
FSAR	最終安全解析報告書　Final Safety Analysis Report　事業者が行う施設の安全総合評価
GAO	会計検査院　General Accounting Office（現 . Government Accountability Office）
GRPA	政府業績成果法　Government Performance and Results Act　行政改革の一環として成立した米国の法律
IAEA	国際原子力機関　International Atomic Energy Agency
INPO	原子力発電運転協会　Institute of Nuclear Power Operations
IRAP	評価プロセスの統合的レビュー　Integrated Review　of the Assessment Processes　本書では改革チームの表記
IRRS	総合原子力規制評価サービス　Integrated Regulatory Review Service
NEI	原子力エネルギー協会　Nuclear Energy Institute　業界団体
NOV	違反通告　Notice of Violation　NRC による措置
NRA	（日本の）原子力規制委員および規制庁　Nuclear Regulation Authority
NRC	米国原子力規制委員会　Nuclear Regulator Commission
NRR	Nuclear Reator Regulation　原子炉規制室　ROP など原子炉に関する方針を検討する NRC 内の部署
OIG	監査総監室　Office of Inspector General　NRC 内の部署
PI	パフォーマンス指標　Performance Indicator　安全パフォーマンスに係る指標

略語	説明
PIM	発電所イシューマトリクス　Plant Issues Matrix
PPR	発電所パフォーマンス評価　Plant Performance Review　SALP の一部
PRA	確率論的リスク評価　Probabilistic Risk Assessment
PSA	確率論的安全評価 Probablistic of Safety Assessment
PES	原子力規制研究室　Office of Nuclear Regulatory Research　NRC 内の部署
RIC	規制情報会議　Regulatory Information Conference　NRC が年に一度開催する会議
ROP	Reactor Oversight Process　原子炉監督プロセス
SALP	系統的運転実績評価　Systematic Assessment of Licensee Performance　ROP 以前の検査制度
SDP	重要度決定プロセス　Significance Determination Process　ROP の一部
SMM	シニアマネジメントミーティング　Senior Management Meeting　幹部による評価会議。SALP の一部
TMI	スリーマイル島原子力発電所　Three Mile Island
UCS	憂慮する科学者同盟　Union of Concerned Scientists 市民団体
WANO	世界原子力発電事業者協会　The World Association of Nuclear Operators

《参考文献》

NRC (1977) "Licensee Inspection and Enforcement Indicators" Memorandum

President`s Commission on the Accident of Three Mile Island (1979) "The Need for Change: The Legacy of TMI"

Roger E. Kasperson, Arnold Gray (1982) "Societal Response to Three Mile Island and the Kemeny Commission Report" Howard C. Kunreuther, Eryl V. Ley `The Risk Analysis Controversy: An Institutional Perspective` Springer

Eric E. Van Loon, Ellyn R. Weiss (1983) "The State of the Nuclear Industry and the NRC : A Critical View", Union of Concerned Scientists

UCS (1983) "UCS to Meet with NRC" Press Backgrounder

Commonwealth Edison Company, Utility Nuclear Power Oversight Committee, "Leadership in Achieving Operational Excellence : the Challenge for All Nuclear Utilities (1986) : a Report to the U.S. Nuclear Utility Industry"

NRC (1986) "Historical Data Summary of the Systematic Assessment of Licensee Performance" NUREG 1214

INPO (1989) "Report of Nuclear Utility Industry Responses to Kemeny Commission Recommendations"

NRC (1990) "Request for Voluntary Participation in NRC Regulatory Impact Survey" Generic Letter 90-01

NRC (1990) "Senior Management Meeting, Executive Summary, Attendee Manual" FOIA 91-438

PG&E (1990) "Voluntary Participation in NRC Regulatory Impact Survey" PG&E Letter OCL-90-061

NRC (1992) "NRC Workshop on the Systematic Assessment of Licensee Performance (SALP) Program" Generic Letter 92-05

NRC (1993) "Opinions and Decisions of the Nuclear Regulatory Commission with Selected Orders" 1993 - March 31, 1993

NRC (1993) "Implementing the Revised Systematic Assessment of Licensee Performance" NRC Administrative Letter 93-02

NRC (1993) "Workshop on Program for Elimination of Requirements, Marginal to Safety"

United States Senate One Hundred Third Congress (July 15,1993) "Whistle blower Issues in the Nuclear Industry" Hearing before the Subcommittee on Clean Air, Wetlands, Private Property and Nuclear Safety and the Committee on

Environment and Public Works
NRC (1994) "Briefing by Nuclear Energy Institute (NEI) on Their Nuclear Regulatory Review Study - Public Meeting"
Towers Perrin (1994) "Nuclear Regulatory Review Study"
NRC (February, 1995) "COMSECY 95-008" Regarding a Draft NRC Policy that would Inform both the Nuclear Industry and the NRC Staff of the Commission's Expectations regarding Communications, including the Reporting of Perceived Inappropriate Regulatory Actions by the NRC staff
Shirley Ann Jackson, NRC (May, 1995) Remarks before the Nuclear Energy Institute's Annual Nuclear Energy Assembly The Mayflower Hotel, Washington, No. S95-06
General of Inspection Office (1995) "NRC Failure to Adequately Regulate - Millstone Unit 1" CASE NO.95-77I
Law Office of Hadley C. Ernest (1995) "Request for Licensing Actions 10-C.F.R. S 2.206 Northeast Utilities Millstone Unit 1" a Letter to NRC
Eric Pooley (March, 1996) "Nuclear Warriors" Time
NEI (April, 1996) "Industry Guideline for Monitoring the Effectiveness of Maintenance at Nuclear Power Plants" NUMARC 93-01 Revision 2
Matthew L. Wald (December, 1996) "Nuclear Agency to Reorganize for Rapid Action" New York Times
Joseph Rees (1996) "Hostage Each Other" University of Chicago Press
NRC (August, 21, 1997) "Peer Review of the Arthur Andersen Methodology and Use of Trending Letters" SECY 97-192
Neil Gunningham, Joseph Rees (October, 1997) "Industry Self-Regulation: An Institutional Perspective" Law & Policy, Vol. 19, No. 4
NRC (1997) EA-97-585 - San Onofre 2 & 3 (Southern California Edison Co.)
GAO (1997) "Nuclear Regulation; Preventing Problem Plants Requires More Effective NRC action" GAO/RCED 97-145.
NRC (April, 1998) "Public Communication Initiative" SECY 98-089
David Lochbaum (June, 1998) "The Good, the Bad and the Agly; A Report on Safety in America's Nuclear Power Industry" UCS
NRC (July, 1998) "Response to Issues Raised Within the Senate Authorization Context and July 17, 1998 Stakeholder Meeting" COMSECY, 98-024
NRC (July, 1998) "Public Meeting on Stakeholders` Concerns"
United States Senate One Hundred Fifth Congress (July 30, 1998) "Nuclear

Regulatory Commission Oversight" Hearing before the Subcommittee on Clean Air, Wetlands, Private Property and Nuclear Safety and the Committee on Environment and Public Works.

NRC (August, 1998) "NRC Enforcement Manual" NUREG/BR-0195 Rev2

NRC (October, 1998) Weekly Information Report- week ending September 25, 1998.

NRC (November, 1998) "Summary of the September 16 and 17, 1998 Meetings with the Nuclear Energy Institute to Discuss Options for Revising the Regulatory Oversight Process"

NRC (1998) Article on "Suspension of the SALP Program" Reactor Inspection Program Newsletter, Issue 98-02

NRC (1998) Status of the Integrated Review of the NRC Assessment Process for Operating Commercial Nuclear Reactors (SRM 9700238) SECY98-045

NRC (1999) "Recommendations for Reactor Oversight Process Improvements" SECY99-007

NRC (1999) "Briefing on Risk Informed Initiaives Public Meeting"

ジェームズリーズン（1999）『組織事故―起こるべくして起こる事故からの脱出』[塩見 弘，佐相 邦英 ら（訳）日科技連出版社]

GAO (January, 2000) "NRC Staff Have Not Fully Accepted the Planned Changes"

NRC (February,2000) Results of the Revised Reactor Oversight Process Pilot Program, SECY00-0049

Samuel J. Collins (March, 2000) Regulatory Trends and Current NRR Initiatives, NRC RIC

NRC (March, 2000) A Letter to Southern California Edison, Plant Performance Review, ML003699938

Chris Crane (2000) "Pilot Plant Lessons Learned" NRC RIC 2000

David Lochbaum (March, 2000) Comments on the NRC's Revised Reactor Oversight Process NRC RIC 2000

NRC (August, 2000) "Implementing the Allegation Program under the Revised Reactor Oversight Process" SECY-00-0177

NRC (August, 2000) "Summary of ROP Lessons Learned Meeting"

NRC (December, 2000) A Letter to New England Coalition of Nuclear Pollution, Reactor Oversight Process Initial Implementation Evaluation Panel, ML003775728

NEI (2000) Trending Activities Benchmarking Report, NEI Industrywide Benchmarking Report LP002, NEI

NRC (February, 2001) "Summary of the Initial Implementation Evaluation Panel Meeting of January 22-23, 2001"

NRC (March, 2001) "Summary of the Initial Implementation Evaluation Panel Meeting of February 26-27, 2001"

Samuel J. Collins (March, 2001) "Current and Emerging Regulatory Trends and Corresponding NRR Initiatives" NRC RIC

William M. Dean (March, 2001) "Regulatory Perspectives on Reactor Oversight Process" NRC RIC

NRC "NRC Inspector Field Observation Best Practices" BR0326

Gary M. Wright (March, 2002) "Perspective of State of Illinois" NRC RIC

Michael R. Johnson (March, 2002) "Reactor Oversight Process" NRC RIC

Raymond Shadis (March, 2002) "A Public Perspective on the ROP in Its Second Year: Is It Enhancing Public Confidence?" NRC RIC

NRC (May, 2002) "Davis-Besse Reactor Vessel Head Degradation- Lessons-learned Task Force and Charter"

Stephan Floyd (March, 2003) "Past Insights and Future Challenges" NRC RIC

Donald E. Hickman (2004) "Performance Indicators in the Reactor Oversight Process - A Status Report" ML040980014

WPI (2004) "Phase II: Creating a Risk-Informed Environment Initiative in the NRC Reactor Program"

UCS (October, 2005) "Follow-up: Safety Culture within the Reactor Oversight Process"

NRC (2005) "Reactor Oversight Process Basis Document" Inspection Manual Chapter 0308

Ferdig A. Ludema and Mary James (2005) "Transformative Interactions: Qualities of Conversation that Heighten the Vitality of Self-organizing Change" Research in Organizational Change and Development, Elsevier Ltd.

原子力安全・保安院（2006）『原子力発電所の安全規制における「リスク情報」活用の基本ガイドライン』

NEI (2007) Nuclear Regulatory Process, NEI 07-06

Pete V. Domenici (2007) A Brighter Tomorrow. Rowman & Littlefield Pub Inc.

東 信男 (2007)『検査要請と米国会計検査院』会計検査研究 No.35

James O. Ellis (August, 2010) "The Role of the Institute of Nuclear Power OperationsIn Self-Regulation of the Commercial Nuclear Power Industry", Remarks before the National Commission BP Deepwater Horizon Oil Spill and

Offshore Drilling
J. Samuel Walker and Thomas R. Wellock NRC (October, 2010) "A Short history of nuclear regulation, 1946-2009"
IAEA (2010) "Integrated Regulatory Review Service Mission to the United States of America"
Marcus Gupta (2010) "Reactor Oversight Process" NRC RIC
UCS (2010) "NRC's Reactor Oversight Process; An assessment of the first decade" UCS
廣瀬 淳子（2010）『アメリカの原子力安全規制機関－原子力規制委員会（NRC）－』外国の立法 244　国立国会図書館調査及び立法考査局
GAO (September, 2013) "Analysis of Regional Differences and Improved Access to Information Could Strengthen NRC Oversight" GAO 13-743
Cass R. Sunstein (2013) "Simpler: The future of Government" ［キャスサンスティーン『シンプルな政府 : "規制 " をいかにデザインするか』田総 恵子 訳 NTT 出版 2017］
David Lochbaum (2013) "ROP Baseline Inspection Program
Frédérique Six (2013) Trust in Regulatory Relations: How New Insights from Trust Research Improve Regulation Theory. Public Management Review. 15. 163-185.
原子力安全推進協会（2013）「PR 結果報告書を含めた PR 関連情報に関する覚書きについて（案）」
第 192 回国会　原子力問題調査特別委員会　第 2 号（2013 年 11 月 22 日）会議録
Erik Hollnagel (2014) "Safety-I and Safety-II" Routledge
David Lochbaum (2014) "Nuclear Power Safety Report Cards" UCS
資源エネルギー庁（2014. 02）『米国における原子力の安全性向上に向けた取組の経緯』
澤 昭裕（2014）『原子力安全規制の最適化に向けて』 21 世紀政策研究所
Kelly Decker, Ben Decker (2015) "Communicating a Corporate Vision to Your Team" Harvard Business Review
Gillian Tett (2015) "The Silo Effect" (New York, Simon & Schuste) ［ジリアン テット『サイロエフェクト　高度専門家社会の罠』土方奈美訳 文藝春秋 2016］
日本原子力学会倫理委員会（2015）『海外及び他産業の事例に学ぶ技術者倫理醸成活動』
更田 豊志（2015）『規制におけるリスク情報の活用』日本原子力学会 2015 年 春の年会 茨城大学日立キャンパス原子力安全部会 企画セッション「原子力安全分野におけるリスク情報の活用の現状と課題」
NRC (July, 2016) "Reactor Oversight Process" NUREG-1649, Rev.6.

IAEA（2016）『日本への総合規制評価サービス（IRRS）ミッション報告書』
原子力規制委員会（2016）『日本への総合規制評価サービス（IRRS）ミッション報告書について』平成28年度　第5回原子力規制委員会臨時会議
原子力規制庁（2016. 07 .05）『米国の監視評価の仕組みの変遷について（SALPからROPへ）』
原子力規制委員会（2016）『平成28年度行政事業レビュー 公開プロセス』
David Lochbaum (2017) "The Nuclear Regulatory Commission and Safety Culture: Do as I Say, Not as I Do" UCS
Tony Pietrangelo (April, 2017) Nuclear Energy Institute Efforts and Activities, Working Group on Voluntary Improvement of Safety, Technology and Human Resource, METI
John Garrick Institute (June, 2017)『原子炉監視プロセス』 原子力リスク研究センター訳 NRRC Workshop on Risk-Informed Decision Making: A Survey of U.S. Experience
Shirley Ann Jackson (September, 2017) "Remarks at the semminer in Massachusetts Institute of Technology"
N.Annand, Jean-Louis Barsoux (November-December,2017) "What Everyone Gets Wrong about Change Management, Poor Execution is Only Part of the Problem" Harvard Business Review
市村 知也（2017. 2）『原発利用のための制度の変化に関する考察，－福島原発事故の影響に着目して－』政策研究大学院大学博士（公共政策分析）.
岡本 孝司（2017. 9）『各国における原子力規制の動向（深層防護／リスク評価／安全文化）』日本技術士会　原子力・放射線部会　例会講演会
電気事業連合会（2017. 11）『原子力安全性向上に向けた取り組みについて』総合資源エネルギー調査会　自主的安全性向上・技術・人材WG　第19回会合
爾見 豊（2017. 12）『検査制度見直しが目指すパラダイムシフト』第3回原子力安全合同シンポジウム
原子力規制庁（2017. 12）『我が国の検査制度の改革において原子力産業界に期待する取組について』
David Waller, Rupert Younger, The Reputation Game (London, 2017).［デビッド・ウォーラー、ルパート・ヤンガー『評価の経済学』月沢 李歌子 訳、日経BPマーケチング、2018］
David Lochbaum (March, 2018) "Preserving the Value of Engineering Inspection" NRC RIC
Greg Halnon (March, 2018) "Engineering Inspections and Oversight- Indutry

Perspective" NRC RIC
Jerry Z. Muller (2018) The Tyranny of Metrics, Prinston University Press
NEI (2018) ROP Enhancement, a letter from NEI to NRC, ML18262A322
NRC (2018) Backgrounder on the Three Mile Island Accident, https://www.nrc.gov/reading-rm/doc-collections/fact-sheets/3mile-isle.html
B. Guy Peters (2019) "Institutional Theory in Political Science" Edward Elgar Publishing
金子 修一（2019）『新たな検査制度の実運用への取り組み』 日本原子力学会 2019 年春の年会 茨城大学日立キャンパス原子力安全部会 企画セッション「新検査制度と原子力発電所の安全性」

改革の過程から規制の進化を探る
－原子力検査制度の変化と一貫性を両立させるコーナーストーンとは－

近藤寛子（こんどうひろこ）
事業コンサルタント、リサーチャー。大学院修了後、外資系素材メーカーにおいて事業企画に従事。外資系コンサルティング会社に転職後、コンサルタントとして、事業戦略策定、業務改革支援等に従事。マトリクスアソシエイツを経て、2017年マトリクスKを設立し、独立系コンサルタントとなる。東京大学大学院工学系研究科学術支援専門職員。インクルーシブな子育てをサポートする一般社団法人ヨコハマプロジェクトを設立し代表を務める。

改革の過程から規制の進化を探る
－原子力検査制度の変化と一貫性を両立させるコーナーストーンとは－

2019年 7 月26日　　　　初版　第 1 刷発行

著　　者　近藤　寛子　（こんどう　ひろこ）
発 行 人　長田　高
発 行 所　株式会社ERC出版
〒107 - 0062
東京都港区南青山 3-13-1　小林ビル 2F
電話　03 - 3479 - 2150
振替　00110 - 7 - 553669
組版・デザイン　ERC出版 Macデザイン部
カバー・表紙デザイン　酒井デザイン室 内海　春香
印刷製本　芝サン陽印刷株式会社
東京都中央区新川 1-22-13
電話　03-5543-0161

ISBN978-4-900622-64-7　C0030